Mathias Schäfer

Leistungspakete im Eigenheimbau

Ein Rechtsvergleich USA – Deutschland

Bibliografische Information der Deutschen Nationalbibliothek
Die Deutsche Nationalbibliothek verzeichnet diese Publikation in der Deutschen Nationalbibliografie; detaillierte bibliografische Daten sind im Internet über http://dnb.d-nb.de abrufbar.

Zugl.: Marburg, Univ., Diss., 2010

Umschlaggestaltung:
Olaf Glöckler, Atelier Platen, Friedberg

Gedruckt auf alterungsbeständigem,
säurefreiem Papier.

D 4
ISSN 1863-091X
ISBN 978-3-631-60608-7
© Peter Lang GmbH
Internationaler Verlag der Wissenschaften
Frankfurt am Main 2011
Alle Rechte vorbehalten.

Das Werk einschließlich aller seiner Teile ist urheberrechtlich geschützt. Jede Verwertung außerhalb der engen Grenzen des Urheberrechtsgesetzes ist ohne Zustimmung des Verlages unzulässig und strafbar. Das gilt insbesondere für Vervielfältigungen, Übersetzungen, Mikroverfilmungen und die Einspeicherung und Verarbeitung in elektronischen Systemen.

www.peterlang.de

Für Christina

Vorwort

Die vorliegende Studie ist durch ein gewachsenes Interesse am Bauen und baurechtlichen wie -wirtschaftlichen Zusammenhängen zustande gekommen. Sie wurde im Oktober 2010 von dem Fachbereich Rechtswissenschaften der Philipps-Universität zu Marburg als Dissertation angenommen.

In diesem Zusammenhang hat der Ausbildungsschwerpunkt der Rechtsvergleichung, verbunden mit zahlreichen Studienseminaren zum internationalen Vertrags- und Wirtschaftsrecht während der Ausbildungszeit die Neugier an anderen Rechtsordnungen geweckt und den Blick für Problemlösungsansätze geschärft, die vom hiesigen Recht abweichen.

Hierfür und im Hinblick auf die Umsetzung gilt meinem Lehrer und Doktorvater, Herrn Prof. Dr. Dr. h. c. Erich Schanze LL.M. (Harvard), mein ganz besonderer und herzlicher Dank für die wertvollen Anregungen und seine freundliche Unterstützung zu den Studienaufenthalten in den Vereinigten Staaten, besonders an der Columbia University, New York.

Aus tiefem Herzen danke ich meiner Frau Christina, die mich und dieses Projekt über Jahre in Liebe und mit Geduld begleitet hat sowie meinen Eltern für ihre vielfältige Unterstützung. Frau Hildegard Boss gilt mein besonderer Dank für die gute und schnelle Unterstützung bei den Korrekturarbeiten.

Marburg, im Oktober 2010   Mathias Schäfer

„Legal theory, whether interdisciplinary or otherwise,
must justify itself by its contribution to improving the legal system
rather than by its intrinsic intellectual interest
or the fascination it holds for other academics."

Richard Posner, Introduction to Baxter Symposium,
Stanford Law Review, Volume 51 (1999), Issue 5, 1007 ff., 1009

„The house of everyone
is to him as his castle and fortress,
as well for his defense against injury
and violence as for his repose."

Sir Edward Coke (1552-1634)

Inhaltsverzeichnis

Einleitung 15
Untersuchungsschritte der Rechtsvergleichung 20
Eingrenzung des Untersuchungsgegenstandes 21

A. Grundlagen und Rahmenbedingungen 23
   I. Die Akteure des Baugeschehens 23
   II. Institutionelle Rahmenbedingungen 24
      1. Vereinigte Staaten von Amerika 25
      2. Bundesrepublik Deutschland 25
   III. Allgemeine Merkmale der Rechtsordnungen 26
      1. Das Verhältnis von Bundesrecht und Staatenrecht 27
      2. Das amerikanische Recht als Common-Law-Rechtsordnung 28
      3. Die deutsche Kodifikationstradition 29
      4. Grundsatz der „relativen Baufreiheit" 29
   IV. Rechtsquellen des jeweiligen Baurechts 30
      1. Common Law, Case Law und die Rechtsprechung in Deutschland 30
      2. Kodifizierte Rechtsquellen 32
   V. Öffentliche Interessen und öffentliches Recht 36
      1. Lizenzierungs- und Registrierungsvorschriften 36
      2. Bauplanungs- und -ordnungsvorschriften im Vergleich 39
         a) Amerikanisches Bauplanungs- und Genehmigungsrecht 39
            aa) Zoning und Rezoning - Inhalt und Verfahrensgrundsätze 40
            bb) „Privates" Zoning 42
            cc) Municipal Approvals und Building Permits 42
         b) Bauplanung und -genehmigung nach deutschem Recht 43
         c) Bauplanung und -genehmigung im Vergleich 44
   VI. Zwischenergebnis 46

B. Traditionelle Vertragstypen zu Planung und Ausführung 47
   I. Entstehung und Entwicklung der klassischen Bau- und Architektenverträge 48
   II. Die Rechtsnatur von Bau- und Architektenverträgen 50
   III. Die allgemeine vertragliche Gestaltung von Bauverträgen 52

11

1. Die Begründung von Bauverträgen	53
2. Wirksamkeit und Durchsetzbarkeit	54
3. Vertragsergänzung und -auslegung	56
4. Pflichtenverteilung in den klassischen Konzepten	57
a) Pflichten des Bauherrn	58
b) Pflichten des Architekten bzw. Planers im amerikanischen und deutschen Recht	60
c) Traditionelle Aufgaben des Bauhandwerkers/Bauunternehmers	63
aa) Bestimmung des Leistungsumfangs im amerikanischen Eigenheimbau	64
bb) Das Leistungssoll von Auftragnehmern bei Bauleistungen im deutschen Bauvertragsrecht	67
cc) Der vertragliche Leistungsumfang des Auftragnehmers im Vergleich	68
5. Standard-Bedingungen bei Bauverträgen	69
a) Standard Form Contracts	69
b) VOB- und andere Muster-Bauverträge	71
c) Standard Form Contracts und VOB-Verträge im Vergleich	72
6. Haftung für die Erfüllung vertraglicher Bauleistungspflichten	74
a) Breach of Contract – Vertragsverletzung im amerikanischen Recht	74
b) Haftung des Bauunternehmers im deutschen Bauvertragsrecht	76
c) Haftungsregime im Vergleich	78
d) Absicherungsinstrumente und Versicherungen	80
aa) Sicherungsmittel der Bauherrnschaft	81
bb) Sicherungsmittel des Unternehmers	86
IV. Strukturelle Probleme bei traditionellen Bauverträgen	89
1. Der Architekt als fachkundiger Sachwalter des Bauherrn – Bauvertragliche Agency-Problematik	90
2. Exakte Leistungsbeschreibung – Qualifications	91
3. Trennung von Planung und Ausführung	92
4. Bauwirtschaftliche Prozessabläufe – Straight-Line	93
V. Zwischenergebnis	94
C. Package Deals – Bauvertragliche Leistungspakete im amerikanischen Recht	97
I. Terminologie und rechtliche Konstruktion	97
1. Die Entwicklung von Design-Build im Speziellen	100

2. Abgrenzung zu Construction Management und General Contractor 102
3. Turnkey Contract („Schlüsselübergabevertrag"/Schlüsselfertigbau) 103
II. Wirtschaftliche Spezialisierung und Reintegration von Leistungen – Evolution oder Revolution? 104
III. Design-Build-Varianten 107
IV. Chancen-Risiken-Analyse 108
   1. Nachteile 109
      a) Aus Sicht des Bauherrn 109
         aa) Strukturelle Nachteile 109
         bb) Gestaltungsvorgaben 110
         cc) Markt und Preisgestaltung 110
         dd) Rechtsunsicherheit 111
         ee) Massen-Design 112
         ff) Planungsdokumentation 112
      b) Nachteile für den Design-Build-Unternehmer 112
         aa) Haftung 112
         bb) Klagefristen 114
         cc) Streitschlichtung 114
         dd) Preisrisiko 114
         ee) Lizenz- und Registrierungspflichten 115
         ff) Versicherung 115
         gg) Vergabe 116
         hh) Investitionsrisiko 116
   2. Vorteile 117
      a) Vorteile für den Bauherrn 117
         aa) Umfassende Verantwortlichkeit des Design-Builders 117
         bb) Beschleunigung des Bauprozesses 119
         cc) Kooperation bei Planung und Ausführung 121
         dd) Kosteneffizienz 122
         ee) Standardverträge für Design-Build 123
         ff) Innovationsanreize 123
         gg) Minimierung von Prozessrisiken 123
         hh) Abwälzung von Bodenrisiken 124
         ii) Optimierte Finanzierung 124
      b) Vorteile aus der Sicht des Design-Builders 125
         aa) Synergien und Produktivität 125
         bb) Kontrollmöglichkeiten der Planung und Ausführung 126
         cc) Harmonisierung der Umsetzung 127

	dd) Vermarktung	127
	ee) Know-How-Transfer	128
	ff) Streitschlichtung	128
3.	Fazit	129
V. Anwendungsbeispiele für Package Deals im Fertigbau		131
1. Factory-Built		132
	a) Reduzierte Lohnkosten	132
	b) Architektur und Konstruktion	132
	c) Beschleunigte Bauphase	132
	d) Preisgestaltung und Finanzierung	133
2. Housing and Urban Development		133
3. Manufactured Home Communities als integrierte Form des Bauen und Wohnens		134

D. Bauvertragliche Leistungspakete im deutschen Privaten Baurecht im Vergleich ... 137
   I. Schlüsselfertiges Bauen als Package Deal? ... 137
   II. Die verschiedenen Unternehmereinsatzformen mit Leistungspaketen im Vergleich ... 138
      1. Der General- bzw. Hauptunternehmervertrag ... 138
      2. Der Totalunternehmervertrag ... 139
      3. Der Generalübernehmervertrag ... 143
      4. Der Totalübernehmervertrag ... 144
      5. Der ARGE-Vertrag ... 145
   III. Alternative Vertragstypen und Unterformen von Leistungspaketen ... 146
      1. Bauformen in Zusammenhang mit dem Eigentumserwerb durch den Bauherrn ... 146
         a) Der Bauträgervertrag ... 146
         b) Der Projektentwickler- bzw. Developer-Vertrag ... 148
      2. Baubetreuer- und Projektsteuerungsverträge ... 149
         a) Der Projektsteuerungsvertrag/ Baumanagementvertrag ... 149
         b) Der Baubetreuervertrag ... 150
   IV. Ergebnis ... 151

E. Bauvertragliche Leistungspakete und ihre Zukunft ... 155

Literaturverzeichnis ... 161

Einleitung

Im amerikanischen Rechtskreis hat der Fertig- und Schlüsselfertigbau eine lange Tradition. Er erfährt allgemeine Akzeptanz und eine hohe Nachfrage bei privaten Bauvorhaben. Auch in Deutschland ist eine steigende Nachfrage nach „schlüsselfertigem" Bauen festzustellen, obwohl der Markt im Einfamilienhausbau insgesamt schrumpft.[1]

In den U.S.A. haben sich dazu unterschiedliche Vertragsformen und Leistungsbilder entwickelt. Zunehmend begegnet man dort Formen des Bauens, die unterschiedliche Leistungen bündeln und mit Begriffen wie „Design-Build" oder „Package Deal" operieren. Sie lassen sich den herkömmlichen Vertragsformen schematisch wie folgt gegenüberstellen, ohne an dieser Stelle bereits weitere Leistungselemente jenseits des eigentlichen Baugeschehens zu berücksichtigen:

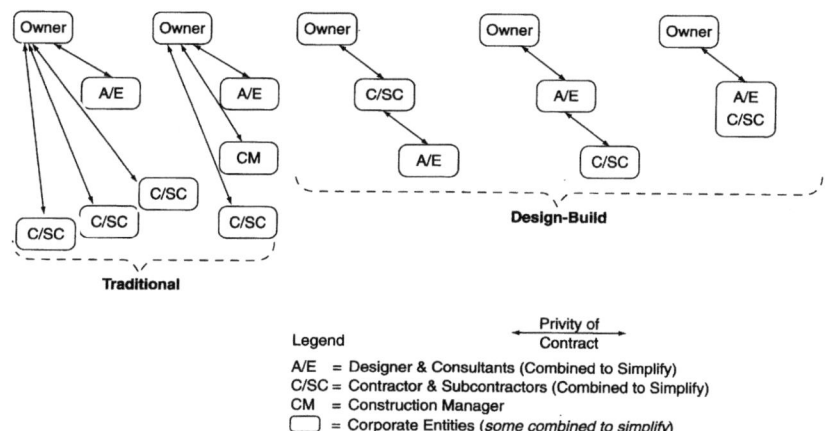

angelehnt an Collier, Construction Contracts, S. 185

Traditionelle Gestaltungsformen weisen zumeist ein separates Vertragsverhältnis mit einem Planer und häufig eine Mehrzahl an Bauverträgen zu den einzelnen Gewerken mit unterschiedlichen Vertragspartnern auf. Sie unterliegen dem Grundverständnis, dass der Architekt oder Planer den Bauherren bei dem

---

1   Elvira Bodenmüller, 40 Jahre BWI-Bau, in: Baumarkt+Bauwirtschaft 11/2004, S. 39.

jeweiligen Vorhaben über die Planungsleistung hinaus als Vertrauensperson in jeder Situation unabhängig berät. Gerade dies ist allerdings kritisch zu hinterfragen. In der Praxis der traditionell wettbewerbsintensiven und aktuell rückläufigen Bauwirtschaft sind zunehmend gegenseitige ökonomische Abhängigkeiten zwischen Planern und ausführenden Unternehmern zu beobachten, die eine herausgehobene Vertrauensstellung des Architekten gegenüber Bauherren möglicherweise konterkarieren. Zudem finden sich Architekt und Bauunternehmer gegenüber dem Bauherrn im Bauprozess oftmals in einer gesamtschuldnerischen Haftungseinheit im Sinne einer „Zwangsgemeinschaft" wieder.

Ein Kernelement von U.S.-amerikanischen Package Deals ist demgegenüber die rechtliche Bündelung von Planung und Ausführung, offenkundig zu Lasten der formalen Unabhängigkeit des Architekten.

Aus rechtsvergleichender Perspektive ist somit zu fragen, welche Lösungen die jeweilige Rechtsordnung für bauvertragliche Leistungspakete und deren Problemstellungen vorsieht und welche Perspektiven die gewonnenen Erkenntnisse bieten. In dieser Arbeit soll der Problemkreis zusammengefasster Leistungen und des damit verbundenen Bündels an Verträgen dabei unter der funktionalen Bezeichnung des „bauvertraglichen Leistungspaketes" behandelt werden.[2]

Hier stellen die U.S.A. nicht nur einen traditionell bedeutenden Markt für bauvertragliche Leistungsangebote dar, sondern werden als Pionierrechtsordnung beim Bauen mit Leistungspaketen angesehen.[3] Somit erscheint ein genauer Blick über den Atlantik, hinein in die größte Volkswirtschaft der Welt, für einen Rechtsvergleich besonders interessant.

Ohne Berücksichtigung der institutionellen Rahmenbedingungen werden die Eingangsfragen allerdings nicht zu klären sein. In einer prinzipiell freien und liberalen Gesellschafts- und Wirtschaftsordnung orientieren sich die jeweiligen institutionellen Antworten zuweilen unabhängig von den Vorgaben des Rechts an den Produkten und an der Nachfrage sowie ihrer Funktionalität im Markt.

In diesem Zusammenhang sind die volkswirtschaftliche Bedeutung des Bausektors insgesamt, aber auch des Wohnungs- und Eigenheimbaus beachtlich.[4] Das verdeutlichen die beiden folgenden Grafiken zu Umsatz und Beschäftigung in der Bauwirtschaft:

---

2 Vgl. Zweigert/Kötz, Einführung in die Rechtsvergleichung, S. 33 f. zum methodischen Grundprinzip der Funktionalität in der Rechtsvergleichung.
3 Vgl. Köster, Marketing und Prozessgestaltung am Baumarkt, S. 58 f.
4 Statistisches Bundesamt, Volkswirtschaftliche Gesamtrechnungen – Investitionen, 4. Vierteljahr 2006, S. 61; vgl. Roquette/Otto-Otto, Vertragsbuch Privates Baurecht, C. I, Rn. 1.

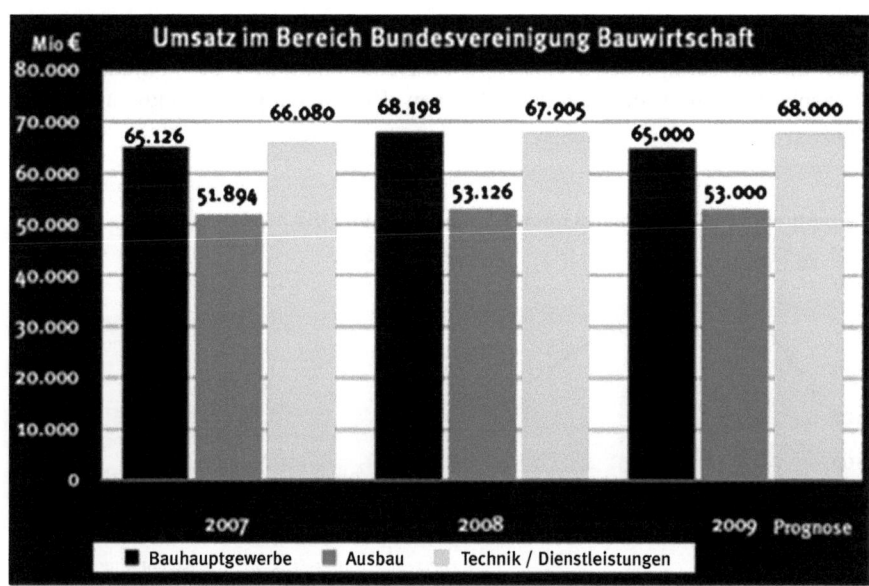

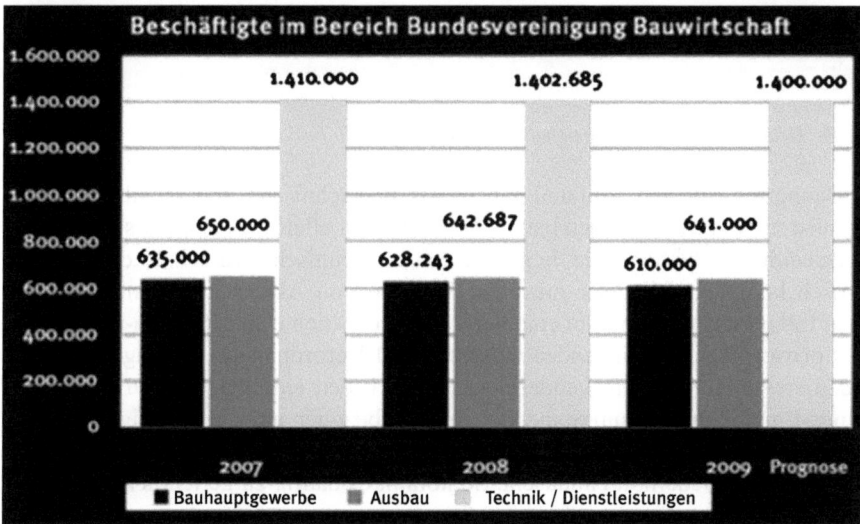

Quelle: Bundesvereinigung Bauwirtschaft[5]

---

5   http://www.baulinks.de/webplugin/themen/baukonjunktur.php4; http://www.bv-bauwirtschaft. de/zdb.nsf/8DD41C1110995089 C12576500027D9F0 /$File/Grafiken%20PK%2015-10-2009. pdf, Stand: 13.5.2010.

So sind die Nachfrage und der Bedarf an Wohneigentum, insbesondere an Einfamilienhäusern, in der Bundesrepublik Deutschland trotz der konjunkturellen Schwankungen und des demographischen Bevölkerungsrückgangs anhaltend hoch.[6]

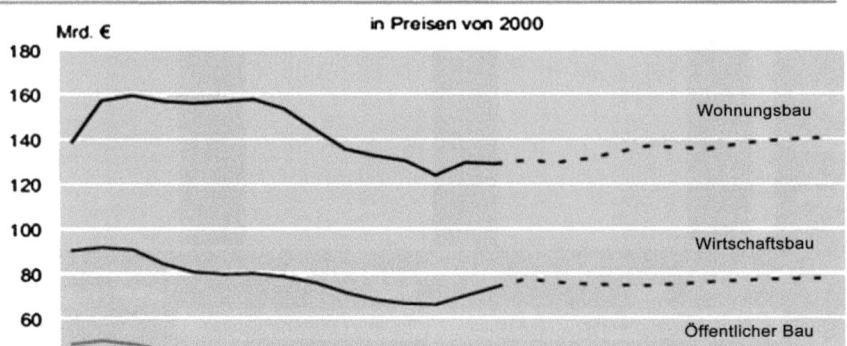

Quelle: Deutsches Institut für Wirtschaftsforschung (DIW); ifo Institut[7]

Bauherren, die ein Einfamilienhaus als bautechnische und rechtliche Laien zumeist nur einmal im Leben bauen, befinden sich allerdings in einer schwierigen Entscheidungssituation. Sie begegnen einer technisch, wirtschaftlich und juristisch komplexen Materie mit einer Vielzahl von Akteuren mit unterschiedlichen Interessen.[8] Zudem gibt eine hohe Regelungsdichte an öffentlich-rechtlichen und privatrechtlich zwingenden Gesetzen und Verordnungen, vertraglichen Abreden sowie technischen Standards (z. B. nach den einschlägigen DIN oder Innungs-Empfehlungen zum Stand der Technik bezogen auf die jeweiligen Gewerke) vor, was genau wie zu bauen ist. Selbst bei sorgfältiger Vorbereitung werden Erwartungen wiederholt enttäuscht. So kommt es häufig zu gerichtlichen Ausein-

---

6   Kappel, in: Markt für Wohnimmobilien 2008, S. 33.
7   http://www.cesifo-group.de/portal/page/portal/ifoHome/f-about/f3aboutifo/50ifostaff/_ifocv_ gluch_e, Stand: 13.05.2010; Gluch/Dorfmeister, Langfristig nur moderates Wachstum der Baunachfrage in Deutschland, in: ifo Schnelldienst 62 (07) 2009, S. 21, Stand: 13.05.2010.
8   Weeber/ Bosch, Planung plus Ausführung?, S. 53.

andersetzungen. Dementsprechend hat eine Vielzahl der erstinstanzlichen Verfahren (aufgrund der Streitwerte insbesondere vor Landgerichten) Berührungspunkte mit der Errichtung von Bauwerken oder Anlagen sowie Arbeiten an Grundstücken. Kein anderes Rechtsgebiet erweist sich streitträchtiger.[9] Die herkömmliche Arbeitsweise der Gerichte und die zeitliche Bearbeitung machen Verfahren für die Baubeteiligten zunehmend unzumutbar.[10] Eine Laufzeit von bis zu 10 Jahren ist bei komplexen Bauprozessen keine Seltenheit.[11]

Die wachsenden Anforderungen an Wohngebäude und Herstellungsprozesse, die individuellen Ansprüche sowie die traditionell vorhandenen multilateralen Vertragsbeziehungen zwischen Bauherren, Architekten und Werkunternehmern bergen quantitativ und qualitativ erhebliche wirtschaftliche sowie rechtliche Risiken für die Beteiligten. Das jeweils eigenwirtschaftliche Bestreben zur Minimierung dieser Risiken bzw. einer einseitigen Risikoallokation führen nicht selten – so jedenfalls ein zentraler Vorwurf – zu beachtlichen Zielkonflikten in Form von polarisierten oder gar gegenläufigen Interessen.

Ein unangemessenes Überwälzen von Risiken ist anderen Rechtsordnungen und auch dem amerikanischen Bauvertragsrecht aber keineswegs fremd. Seit vielen Jahren befinden sich dort jedoch – gewissermaßen im Wege eines Systemwechsels – bauvertragliche Leistungspakete im Vordringen und werden sowohl in der amerikanischen bauwirtschaftlichen und juristischen Literatur rege erörtert. Diese bieten, so jedenfalls die Arbeitshypothese dieser vergleichenden Untersuchung, ein erhebliches Potential für eine höhere Transparenz, Synergien bei der Leistungserstellung und die Vermeidung von Konflikten. Sie bieten neben der rechtlichen Bündelung von Vertragspflichten (contractual packaging) im Idealfall konzeptionell auch eine anreizkompatible Konzentration von Prozessen unterschiedlicher Leistungsstufen (vertical integration).

Dies führt sogleich zu den zentralen Fragestellungen dieser rechtsvergleichenden Arbeit: Wie nämlich werden in den Vereinigten Staaten von Amerika im Vergleich zur Bundesrepublik Deutschland, entsprechend dem oben geschilderten Vereinfachungsbedarf, Leistungspflichten in Zusammenhang mit privaten Bauvorhaben gebündelt? Welches sind die juristischen und ökonomischen Bedingungen für die jeweiligen Entwicklungen und welche Chancen und Risiken ergeben sich daraus?

Für diese Klärung bedarf es zuvor allerdings der Beantwortung einer Reihe von Vorfragen. Es ist zu ermitteln, in welchem nationalen Kontext sich die je-

---

9   Vgl. Maas, Baurechtler im Wandel, in: Baurecht im Wandel, S. 356 f.; ferner beispielsweise Diederichs, Der Bauprozess und der Bausachverständige, in: NZBau 2004, S. 490 ff.
10 Egner, Außerprozessuale Streiterledigung, S. 4 ff.; Zerhusen, Privates Baurecht, Rn. 1016; Mandelkow, Chancen und Probleme des Schiedsgerichtsverfahrens in Bausachen, S. 7.
11 Kuffer/Wirth-Ulbrich, Bau- und Architektenrecht, S. 1719.

weiligen bauvertraglichen Entwicklungen vollzogen haben, welches die Gründe hierfür sind, und welche Vergleichungsmöglichkeiten in diesem Zusammenhang bestehen. Schließlich soll ebenfalls auf die Frage eingegangen werden, welche Folgerungen möglicherweise für die eigene Rechtsordnung zu ziehen sind.

Zunächst hat die Rechtsvergleichung als eine nationale Grenzen überschreitende wissenschaftliche Erkenntnismethode die Aufgabe, Rechtsmodelle zur Lösung sozialer Konflikte zu erforschen. Sie kann aber weiter auch der kritisch-distanzierten Betrachtung der eigenen Rechtsordnung dienen, die über das nationale „dogmatische Gespräch" hinaus einen eigenständigen Beitrag zu deren Weiterentwicklung erbringen soll, sei es als Hilfsmittel für den Gesetzgeber, als Auslegungsinstrument oder als Werkzeug für die Rechtsvereinheitlichung.[12]

Dementsprechend liegt der Schwerpunkt der Untersuchung, der anerkannten Methodik in der Rechtsvergleichung folgend, auf der Ermittlung grundsätzlicher Gemeinsamkeiten und Unterschiede in der Regelungsmechanik sowie jeweiliger Lösungswege der zugrunde liegenden Konflikte[13] – hier im Bereich des Eigenheimbaus und damit in Zusammenhang stehender Verträge. Erst auf dieser Grundlage werden einzelne Detailfragen erörtert, soweit sie für den Gang der Untersuchung von Belang sind.

Untersuchungsschritte der Rechtsvergleichung

Zur Erreichung des Zieles bedarf es in einem ersten Schritt der Ermittlung einer gemeinsamen Ebene der Vergleichbarkeit von amerikanischem und deutschem Planungs- und Bauvertragsrecht. Es werden die für Bauprojekte relevanten Grundlagen der jeweiligen Rechtsordnungen erörtert und die klassischen Vertragsstrukturen im deutschen und amerikanischen Recht für die Planung und Ausführung von Bauleistungen betrachtet. Die Erkenntnisse sollen beschrieben und jeweils im Anschluss einer kritischen Würdigung unterzogen werden.

Methodisch wird dazu weitgehend auf isolierte Länderberichte verzichtet.[14] Stattdessen soll – soweit möglich – eine direkte und synoptische Vergleichung von amerikanischem und deutschem Recht erfolgen und so einen übersichtlichen und inhaltlich geschlossenen Überblick erlauben.

---

12 Zweigert/Kötz, Einführung in die Rechtsvergleichung, S. 14 ff.; S. 23 ff.
13 Vgl. Schanze, Rechtsvergleichung, in: Handlexikon zur Rechtswissenschaft, S. 362; Coester-Waltjen/Mäsch, Übungen im Internationalen Privatrecht und Rechtsvergleichung, S. 32, 34; Zweigert/Puttfarken, Rechtsvergleichung, S. 401; Rheinstein, Einführung in die Rechtsvergleichung, S. 33 f.
14 Vgl. Zweigert/Kötz, Einführung in die Rechtsvergleichung, S. 42.

Eingrenzung des Untersuchungsgegenstandes

In den aktuellen Diskussionen im Bereich des Bauvertragsrechts werden – soweit ersichtlich – vor allem kooperative Vertragsformen bei der Verwirklichung gewerblicher (Groß-) Projekte erörtert. Hier sind bislang insbesondere Einzelheiten der Zurechnungsfolgen bei Vertragsstörungen ungeklärt.

Die vorliegende Arbeit verfolgt gegenüber den Diskussionssträngen um kooperative Vertragsformen i.e.S. einen anderen Ansatz: Zwar kann das Bündeln von Vertragsleistungen generell in unternehmerische Kooperationsformen münden, im Kern dieser Untersuchung geht es aber – neben dem Vergleich der allgemeinen Grundlagen und traditionellen Antworten – um Vertragsgestaltungen, die Planung, Ausführung und ggf. weitere Elemente zu bauvertraglichen Leistungspaketen zusammenfassen.

Jenseits der gewerblichen Großbauprojekte bzw. „Big-Ticket-Transaktionen" ist der Blickwinkel dieser Arbeit aber überwiegend auf die Bautätigkeit Privater im Hinblick auf selbstgenutzten Wohnraum und damit den klassischen Eigenheimbau eingegrenzt. Denn gemessen an der aufgezeigten hohen gesamtwirtschaftlichen Bedeutung des privaten Wohnungsbaus für das Bruttoinlandsprodukt[15] existieren kaum systematische rechtswissenschaftliche Aufarbeitungen der besonderen Bedürfnisse in diesem Bereich. Soweit ersichtlich hat dieses Segment seit den Diskussionen um die vornehmlich steuerinduzierten Baumodelle und einzelne Rechtsprobleme, vor allem im Bauträgerrecht, sowie einzelner AGB-rechtlicher Probleme zur VOB/B in den vergangenen Jahren verhältnismäßig wenige Impulse erfahren.

So betreffen die Publikationen seit der Schuldrechtsreform vom 01.01.2002 vorwiegend allgemeine Themen sowie die Änderungen im Bauvertragsrecht insgesamt. Auch die teilweise erregten politischen Diskussionen zu staatlicher Förderung (beispielsweise bei der Streichung der Eigenheimzulage), steuerlichen Hindernissen oder Anreizen (etwa durch Grunderwerb- oder Bauabzugssteuer) oder etwa im öffentlichen Baurecht durch Gesetzesänderungen sowie „Privatisierungstendenzen" durch die landesrechtlichen Bauordnungen ließen das baurechtliche Vertragsgefüge bisher weitgehend unberührt.

Dem steht gegenüber, dass in diesem Bereich *dem Recht* aufgrund der Informationsasymmetrie zwischen den Beteiligten sowie der begrenzten Wirtschafts- und fehlenden Verhandlungsmacht einer einzelnen Bauherrnschaft eine besondere

---

15   Etwa 80 % der Wohngebäude werden von Privaten erstellt, so Preussner, Der fachkundige Bauherr, S. 9.

Bedeutung beim Herstellen von „Waffengleichheit" und dem Abschluss ausgewogener Verträge zukommt.¹⁶

---

16 Vgl. Kniffka, Anspruch und Wirklichkeit des Bauprozesses, NZBau 2000, S. 2 ff., 39; Ganten/Jagenburg/Motzke-Motzke, VOB, Einleitung Rn. 53.

A. Grundlagen und Rahmenbedingungen

I. Die Akteure des Baugeschehens

Maßgebliche Beteiligte im U.S.-Bauvertragsrecht sind der Owner (im englischen Recht vorwiegend bezeichnet als Employer oder Client[17]) als Bauherr und damit Auftraggeber von Bauleistungen, der Contractor und ggf. der Subcontractor als Auftragnehmer, Bauunternehmer oder Subunternehmer und der Designer als Architekt oder aber der Engineer bzw. Structural Engineer als Ingenieur oder Bauingenieur.[18] Zwar betrifft die rechtlich exakte Verwendung des Owner-Begriffes nur die Fälle, in denen die Bauherrnschaft bereits Eigentum oder eigentumsähnliche Rechte hinsichtlich des zu bebauenden Grundstücks innehat (nach dem Grundsatz „under all is the land"), im amerikanischen Schrifttum zum Bauvertragsrecht wird die Bezeichnung als vertraglicher Owner allerdings auch unabhängig von Grundstücksrechten für die funktionale Kennzeichnung der Auftraggeber- bzw. Bestellerrolle verwendet.[19] Da sich diese Bezeichnung des Auftraggebers als Owner allgemein durchgesetzt hat, wird sie auch innerhalb dieser Arbeit in diesem erweiterten Verständnis gebraucht, soweit nicht anderweitig ausdrücklich gekennzeichnet.

Vergleichbar zentral sind im deutschen Recht die Baubeteiligten Besteller/Bauherr/Bauherrnschaft, Architekt oder Ingenieur/Bauingenieur sowie Unternehmer und Subunternehmer. Der Begriff Unternehmer entstammt § 631 Abs. 1 BGB und bezeichnet den funktionalen Auftragnehmer. Bauunternehmer ist dabei grundsätzlich jede selbstständige natürliche oder juristische Person, die an der Herstellung eines Bauwerks beteiligt ist und Leistungen für Ausführungsteilbereiche – so genannte Gewerke – übernimmt.[20]

Der Begriff „Bauherr" oder „Bauherrnschaft" ist in den gesetzlichen Bestimmungen des Privatrechts vergeblich zu suchen. Öffentlich-rechtlich ist die Bauherrnschaft Veranlasser einer Baumaßnahme im Sinne der Landesbauordnungen und hat als solche für die Einhaltung des öffentlichen Baurechts Sorge zu tra-

---

17 Gralla, Garantierter Maximalpreis, S. 68; Collier, Construction Contracts, S. 25.
18 Collier, Construction Contracts, S. 25 ff.
19 Collier, Construction Contracts, S. 25.
20 Leineweber, Handbuch des Bauvertragsrechts, Rn. 191.

gen.[21] Bauherr im Sinne des Steuerrechts ist derjenige, der auf seine Verantwortung und auf eigene Rechnung und Gefahr die Errichtung einer baulichen Anlage vorbereitet oder ausführt oder aber vorbereiten und ausführen lässt. Dies kann von Bedeutung sein, sofern Bauherren in einigen Fällen besondere steuerliche Vergünstigungen gewährt werden. Entscheidend wird daher zur Abgrenzung auf die Bauherren risikender Realisierung, Verwendung und Finanzierung abgestellt.[22] Problematisch ist die Verwendung des Begriffs aber auch im deutschen Recht, wenn dieser als Besteller bzw. Auftraggeber nicht zugleich Eigentümer des Grundstücks ist.[23]

§ 631 Abs. 1 BGB enthält lediglich den Begriff des Bestellers einer Werkleistung, in der VOB Teil B (VOB/B) wird demgegenüber nach Vertragsschluss vom Auftraggeber gesprochen. Soweit nicht anderweitig kenntlich gemacht, werden im Folgenden die Begriffe Bauherr, Bauherrnschaft, Auftraggeber und Besteller einheitlich verwendet. Dies entspricht der üblichen Praxis sowohl für die vertragsrechtliche Funktion als Besteller/Auftraggeber von Werkleistungen gegenüber einem Unternehmer gemäß § 631 Abs. 1 BGB oder aber als Gläubiger einer Dienstleistung soweit es sich um Leistungen handelt, die primär dem Dienstvertrages gemäß § 611 Abs. 1 BGB zuzuordnen sind.[24]

Abgesehen von den Besonderheiten in der Verwendung der Begriffe ist allerdings festzuhalten, dass die regelmäßig am Baugeschehen genannten zentral Beteiligten im amerikanischen und deutschen Recht funktional im Wesentlichen identisch sind.[25]

II. Institutionelle Rahmenbedingungen

Aufgabe der Rechtsvergleichung ist ebenfalls, mögliche Begründungen für etwaige Unterschiede unter Einbeziehung anderer sozialwissenschaftlicher Disziplinen wie der Ökonomie aufzufinden.[26] Daher soll in einem kurzen Überblick eine Beschreibung des institutionellen Rahmens anhand der jeweiligen wirtschaftlichen Situation im Bauwesen erfolgen.

---

21   Vgl. § 48 HBO; Kapellmann/Messerschmidt-Thierau, VOB/B, Rn. 2; Wormuth/Schneider, Baulexikon, „Bauherr".
22   Vygen/Joussen, Bauvertragsrecht nach VOB und BGB, Rn. 14.
23   Kapellmann/Messerschmidt-Thierau, VOB/B, Rn. 3.
24   Vgl. Locher, in: Beck'sches Formularbuch Bürgerliches, Handels- und Wirtschaftsrecht, Kap. III.G.1, Anm. 1.; Maser, Baurecht nach BGB und VOB/B, 1; Roquette/Otto-Hamann, Vertragsbuch Privates Baurecht, A.I Rn. 16.
25   Gralla, Garantierter Maximalpreis, S. 67 ff.
26   Zweigert/Kötz, Einführung in die Rechtsvergleichung, S. 43.

1. Vereinigte Staaten von Amerika

Aus dieser Perspektive stellen die Bauindustrie und die damit verbundenen Handels-, Handwerks- und Industriezweige in den Vereinigten Staaten einen der bedeutendsten und beschäftigungsstärksten Wirtschaftssektoren überhaupt dar.[27]

Beachtlich ist in diesem Zusammenhang, dass nicht etwa dem öffentlichen oder gewerblichen Bau, sondern mit einem Anteil von etwa einem Viertel an der Gesamtbautätigkeit dem privaten Wohnungs- und Eigenheimbau der gesamtbauwirtschaftlich größte Anteil an Investitionen innerhalb des amerikanischen Bauwesens zufällt. Er wird damit auch als ein wesentlicher Pfeiler der amerikanischen Wirtschaft insgesamt angesehen.[28] Zudem ist der hier betrachtete Markt als solcher wegen seiner grundsätzlich regionalen Prägung und vergleichsweise niedrigen Zutrittsschwellen auch für Einsteiger vergleichsweise leicht zugänglich, andererseits aufgrund des harten Wettbewerbs auch durch eine entsprechend hohe Zahl an Insolvenzen gekennzeichnet.[29]

Die gesamtwirtschaftliche Bedeutung des Bausektors erklärt schließlich auch, warum im amerikanischen Rechtskreis ein unmittelbarer und signifikanter Anstieg der Arbeitslosigkeit beginnend mit der Immobilien- und fortgesetzt durch die Banken- und allgemeine Wirtschaftskrise eingetreten ist. Insofern ist nur zu verständlich, warum der äußerst volatile U.S.-amerikanische Wohnungs-Hypothekenmarkt auch weiterhin aufmerksam und mit Sorge im Hinblick auf die gesamtwirtschaftliche Entwicklung beobachtet wird.

2. Bundesrepublik Deutschland

Ungeachtet der anhaltenden schwierigen Marktbedingungen im Eigenheimbau[30] bildet der Wohnungsbau insgesamt – wie auch die eingangs abgebildete Grafik verdeutlicht – nach wie vor den Kernbereich der beschäftigungsstarken deutschen Bauwirtschaft.

Zwar wird seit Jahren teilweise darauf verwiesen, dass der Markt für Wohnimmobilien eine Sättigung aufweise und mangels einer zu erwartenden demografischen Verjüngung der Gesellschaft oder Zuwanderungswelle mit einer Trendwende erst bei einem Absinken der Produktion unter die Basisnachfrage zu rechnen sei. Neuere Recherchen gehen jenseits der Abschaffung der Eigenheimzulage Ende 2005 und der Vorzieheffekte durch die Umsatzsteuererhöhung zum

---

27 Hinze, Construction Contracts, S. 1 ff.
28 Collier, Construction Contracts, S. 22; Hinze, Construction Contracts, S. 8.
29 Hinze, Construction Contracts, S. 4.
30 Kappel, in: Markt für Wohnimmobilien 2008, S. 12.

01.01.2007 allerdings von einer erheblichen Steigerung der Nachfrage und damit auch der Preise in den kommenden Jahren aus.[31] Hierbei ist auch zu berücksichtigen, dass die Wohneigentumsquote in der Bundesrepublik mit einem Anteil von 43 % an Eigentümern, die ihre Immobilie selbst bewohnen, im europäischen Vergleich ohnehin sehr niedrig ist. So belegt Deutschland bei der „Eigenheimtopographie" den vorletzten Platz vor der Schweiz mit 35 %. Die drei Spitzenreiter sind Spanien (87%), Norwegen (78%) und Irland (77%).[32] Zudem ist zu erwarten, dass Wohneigentum als Instrument der Altersvorsorge nicht nur aufgrund „Wohn-Riester" künftig weiter an Bedeutung gewinnen wird.

Ähnlich wie in den Vereinigten Staaten ist auch in der deutschen Bauwirtschaft ein harter Preiswettbewerb zu beobachten. Dies lässt sich beispielsweise dadurch belegen, dass Baupreise bis 2006 nur leicht anstiegen,[33] trotz teilweise großer Kostensteigerungen insbesondere bei Material-, Lohn- und Lohnnebenkosten.[34] Die aktuellen Zahlen legen trotz anhaltender Marktbereinigung nunmehr jedoch eine Trendwende nahe.

Zusammenfassend ist festzuhalten, dass im Hinblick auf den Untersuchungsgegenstand ein grundsätzlich ähnliches Marktumfeld besteht, mögen auch Unterschiede in der jeweils aktuellen Bedarfs- und Nachfragesituation bestehen. Sowohl die amerikanische als auch die deutsche Bauwirtschaft haben herausragende Bedeutung für die jeweilige nationale ökonomische Entwicklung und bilden besonders beschäftigungsstarke Wirtschaftszweige, die sich in einem hart umkämpften Marktumfeld bewegen. Das gilt besonders für den Wohnungs- und Eigenheimbau.

III. Allgemeine Merkmale der Rechtsordnungen

Nach der in der Rechtsvergleichung ganz überwiegend vertretenen Rechtskreislehre[35] erfolgt die Unterteilung in verschiedene Rechtsfamilien bzw. Rechtskreise vor allem nach den unterschiedlichen Rechtsstilen als maßgebliche Abgrenzungskriterien. Insofern ist zu berücksichtigen, dass die Abgrenzungsmöglichkeiten im System der Lehre von den Rechtskreisen vor allem anhand der Erkenntnisse der Rechtsvergleichung auf dem Gebiet des Privatrechts entwickelt

---

31 Kappel, in: Markt für Wohnimmobilien 2008, S. 33.
32 Kappel, in: Markt für Wohnimmobilien 2008, S. 26.
33 Kappel, in: Markt für Wohnimmobilien 2008, S. 30; Statistisches Bundesamt, Immobilienwirtschaft in Deutschland 2006, Entwicklungen und Ergebnisse, S. 61.
34 Statistisches Bundesamt, Volkswirtschaftliche Gesamtrechnungen - Investitionen, 4. Vierteljahr 2006, S. 61.
35 Im Einzelnen: Zweigert/Kötz, Einführung in die Rechtsvergleichung, S. 62 ff.

wurden und die jeweilige Rechtskreisbildung folglich Einschränkungen nach dem Grundsatz der materiebezogenen Relativität unterliegt.[36]

Nach dem oben genannten Abgrenzungskriterium ist ein eigenständiger anglo-amerikanischer Rechtskreis zu ermitteln, dem auch das Recht der Vereinigten Staaten von Amerika zugeordnet wird. Innerhalb der Rechtsfamilie des für Kontinentaleuropäer zuweilen fremdartig und sonderbar wirkenden Common Law wird dem U.S.-amerikanischen Recht eine besonders bedeutende Stellung eingeräumt.[37] So spiegeln sich im amerikanischen Recht als *der* „Tochterrechtsordnung" des englischen Rechts zahlreiche Parallelen und Übereinstimmungen innerhalb des Common Law und im anglo-amerikanischen Rechtskreis insgesamt wider. Beispielsweise bestehen im Bereich des amerikanischen Bau- und Bauvertragsrechts zahlreiche Anknüpfungspunkte zum Vereinigten Königreich.[38] Ferner ist das amerikanische Baurecht etwa dem Baurecht Kanadas in vielen Bereichen konform ausgestaltet.[39]

Dies darf jedoch nicht darüber hinwegtäuschen, dass sich im Recht der Vereinigten Staaten innerhalb dieser Rechtsfamilie ein eigen geprägter Stil entwickelt hat. Folglich kann nicht ohne Weiteres von der Allgemeingültigkeit der im Folgenden untersuchten Grundlagen innerhalb der Rechtsfamilie des anglo-amerikanischen Bauvertragsrechts insgesamt ausgegangen werden.[40]

1. Das Verhältnis von Bundesrecht und Staatenrecht

Eine bedeutende Schwierigkeit bei rechtlichen Stellungnahmen zum amerikanischen Recht ist weiterhin, dass in den U.S.A. sowohl der Staatenverbund, als auch die einzelnen föderalen Staaten nicht nur über voll ausgeprägte Gerichtszüge verfügen, sondern in Abhängigkeit von der Gesetzgebungszuständigkeit unterschiedliche Rechtslagen auf ein und denselben Lebenssachverhalt aufweisen können.[41] Möglich sind auch konkurrierende Gemengelagen anwendbaren Rechts. Dabei ist zu berücksichtigen, dass die Einzelstaaten für die Gebiete des

---

36 Zweigert/Kötz, Einführung in die Rechtsvergleichung, S. 64 ff., 73.
37 Zweigert/Kötz, Einführung in die Rechtsvergleichung, S. 177 ff., 233 ff.
38 Hinze, Construction Contracts, S. 19.
39 Samuels, Construction Law, S. 3.
40 Hay, US-Amerikanisches Recht, Rn. 13 ff.; Zweigert/Kötz, Einführung in die Rechtsvergleichung, S. 40.
41 Zweigert/Kötz, Einführung in die Rechtsvergleichung, S. 245; zur Ausweitung von Bundeskompetenzen durch die Lehre der Implied Powers: McCulloch v. Maryland, 4 Wheat. 316 (1819).

Handelsrechts wie des zivilen (bürgerlichen) Rechts insgesamt prinzipiell über die Gesetzgebungskompetenz verfügen.[42]

Dies bedeutet ebenso für das Gebiet des Bau- und Bauvertragsrechts, dass Aussagen zur Rechtslage nach amerikanischem Recht aus der staatenübergreifenden Rechtsliteratur zum Construction Law folgerichtig nur relativer Art sind.[43]

2. Das amerikanische Recht als Common-Law-Rechtsordnung

Wesentlich für das anglo-amerikanische Recht insgesamt und für das Recht der Vereinigten Staaten von Amerika ist der Umstand, dass sich das Common Law allmählich von Gerichtsentscheidung zu Gerichtsentscheidung durch eine ständig anwachsende Tradition entwickelte und folglich nach seiner rechtsgeschichtlichen Herkunft auf dem Case Law als richterlichem Fallrecht beruht.[44] Rechtstechnisch ist das amerikanische Recht von seiner ursprünglichen Entwicklung her daher weniger an Gesetzestexten und ihrer Interpretation und der Einordnung von Lebenssachverhalten in abstrakt systematische Argumentationen interessiert, als an Präjudizien und Fallgruppen, die eine sorgfältige und Einzelproblemen zugewandte Sachverhaltsdiskussion mittels konkreter und historischer Argumentationen erlauben sollen.[45] In den Vereinigten Staaten spielen daher auch im Bauvertragsrecht Erfahrung und Kenntnis der entwickelten Rechtsprinzipien sowie deren Anwendung oder Übertragung durch Analogiebildung eine herausragende Rolle.[46] Als Fallrecht umfasst dieses aus ständiger Übung herausgebildete Verhaltensprinzipien, Rechtsbräuche oder gemeinhin gültige Rechtsansichten, die der fortdauernden Interpretation der Gerichte unterliegen und entsprechend berücksichtigt werden müssen.[47]

---

42 Hay, US-Amerikanisches Recht, Rn. 48 f.; Zweigert/Kötz, Einführung in die Rechtsvergleichung, S. 244 f., 248.
43 Schanze, Anglo-amerikanischer Rechtskreis, in: Handlexikon zur Rechtswissenschaft, S. 24; Hök, Handbuch des internationalen und ausländischen Baurechts, § 42 Rn. 1; vgl. Zweigert/Kötz, Einführung in die Rechtsvergleichung, S. 245 f. zu den „Egoismen" der Einzelstaaten.
44 Hay, US-Amerikanisches Recht, Rn. 19 ff., 25 ff.; Zweigert/Kötz, Einführung in die Rechtsvergleichung, S. 69; vgl. Bockrath, Contracts and the Legal Environment for Engineers and Architects, S. 7 f.
45 Zweigert/Kötz, Einführung in die Rechtsvergleichung, S. 177.
46 Bockrath, Contracts and the Legal Environment for Engineers and Architects, S. 3; Hinze, Construction Contracts, S. 19.
47 Twomey, Understanding the Legal Aspects of Design/Build, S. 107; vgl. Bockrath, Contracts and the Legal Environment for Engineers and Architects, S. 7 f.

3. Die deutsche Kodifikationstradition

Anders als das amerikanische Fallrecht beruht das deutsche Recht, das einem eigenständigen Rechtskreis zugeordnet wird, maßgeblich auf der Kodifikation des Allgemeinen Landrechts für die Preußischen Staaten und Rezeption des römischen Rechts sowie der damit verbundenen Interpretation durch fortschreitende abstrakte Normierung.[48] Die Rechtswissenschaft des Common Law wird daher ihrem Ursprung nach als forensisch, die kontinentaleuropäische und damit auch deutsche demgegenüber als scholastisch gekennzeichnet.[49] Die Normauslegung und Interpretation im deutschen Recht soll den Bestimmungsradius – auch für unvorhergesehene Fälle – ermitteln, die rechtswissenschaftlichen Ergebnisse im amerikanischen Recht sollen eine Voraussage der Entscheidung eines Richters aufgrund der vorliegenden Präjudizien ermöglichen.[50]

Trotz dieses Unterschieds ist zu berücksichtigen, dass zahlreiche Gesetzesvorschriften des deutschen Rechts einen verhältnismäßig geringen operationalen Gehalt haben, also der Auslegung und näheren Definition bedürfen, welche in der Praxis verbindlich durch die Gerichte und damit ebenfalls in Teilen mittels Richterrecht vorgenommen wird.[51] Umgekehrt ist zu beobachten, dass das Bild vom Common Law bzw. amerikanischen Recht, dass Gesetze lediglich „winzige Inseln in einem Meer von Fallrecht" bilden, angesichts zunehmender Kodifizierungstendenzen im U.S.-Recht im Allgemeinen teilweise zu einem „süßen Anachronismus" wird.[52]

4. Grundsatz der „relativen Baufreiheit"

Der Grundsatz der Baufreiheit im amerikanischen Baurecht ergibt sich aus zwei elementaren Rechtsgarantien des Verfassungszusatzes der Bill of Rights, der Gewährung von Menschenrechten im Allgemeinen und von Eigentum bzw. Eigentumsrechten. Beides sind damit verfassungsmäßig verbürgte Rechtsinstitute mit Bindungswirkung für Gesetze im Hinblick auf Grundbesitz.[53] Dieser Grundsatz der Baufreiheit hat in den U.S.A. allerdings durch beständige Zunahme gesetzlicher Vorschriften für Bauvorhaben in den vergangenen Jahrzehnten erhebli-

---

48 Im Einzelnen dazu: Zweigert/Kötz, Einführung in die Rechtsvergleichung, S. 130 ff.
49 Zweigert/Kötz, Einführung in die Rechtsvergleichung, S. 69, 252 f.
50 Hay, US-Amerikanisches Recht, Rn. 20 ff.; Zweigert/Kötz, Einführung in die Rechtsvergleichung, S. 69.
51 Zweigert/Kötz, Einführung in die Rechtsvergleichung, S. 69.
52 Zweigert/Kötz, Einführung in die Rechtsvergleichung, S. 69; vgl. ferner Collier, Construction Contracts, S. 6; Hök, Handbuch des internationalen und ausländischen Baurechts, § 42 Rn. 4.
53 Vgl. U.S. Constitution, 5th Amendment (Bill of Rights).

che Einschränkungen erfahren.[54] Für überregional tätige Bauunternehmen wird es dabei zunehmend schwieriger, der Fülle an lokal divergierenden rechtlichen Anforderungen adäquat zu begegnen.[55]

Zwar besteht auch im deutschen Recht formal Baufreiheit, die aus Art. 2 und 14 GG hergeleitet wird – oder anders formuliert: Jeder kann hinsichtlich seiner allgemeinen Handlungsfreiheit und seines Grundeigentums grundsätzlich bauen, wo was und wie er will.[56]

Gleichwohl hat dieser allgemeine Grundsatz frühzeitig Konkretisierungen und rechtliche Einschränkungen für Fälle entgegenstehender öffentlicher oder widerstreitender bzw. in einem Wettbewerb befindlicher privater Interessen erfahren. Bedingt hierdurch hat sich das deutsche öffentliche als auch private Baurecht zu einer ausdifferenzierten Spezialmaterie entwickelt, um divergierenden Interessenlagen zu einem angemessenen „gerechten" Ausgleich zu verhelfen. Von erheblicher Relevanz ist hierbei auch im deutschen Recht die Berücksichtigung rechtlicher, technisch-wirtschaftlicher, privater und öffentlicher Interessen.[57]

Nach diesem ersten überschlägigen Vergleich ist festzuhalten: Trotz erheblicher Unterschiede in Tradition und Konstruktion der Rechtskreise gewähren beide Rechtsordnungen grundsätzliche weitgehende persönliche Freiheiten, Bauvorhaben zu verwirklichen, wenngleich im Laufe der Zeit zunehmend gekennzeichnet durch gegenläufige Regulierungstendenzen in Form normativer Einschränkungen.

IV. Rechtsquellen des jeweiligen Baurechts

1. Common Law, Case Law und die Rechtsprechung in Deutschland

Wie erwähnt kommt dem Common Law auch im Bereich des Baurechts eine nachweisbar große Bedeutung zu. So wurden durch die Rechtspraxis Sorgfaltsmaßstäbe (*standards of care*) herausgebildet, die die gesellschaftlichen Erwartungen an die jeweilige Zunft – hier Bauauftragnehmer und Planer – reflektieren.[58] Dies bedeutet vor allem, dass Risiken ohne eine wirksame anderweitige vertragliche Abrede insoweit von Professionellen zu tragen sind, als von diesen

---

54 Bockrath, Contracts and the Legal Environment for Engineers and Architects, S. 3.
55 Sweet, Legal Aspects of Architecture, Engineering, and the Construction Process, S. 313.
56 Vygen/Joussen, Bauvertragsrecht nach VOB und BGB, Rn. 7.
57 Vygen/Joussen, Bauvertragsrecht nach VOB und BGB, Rn. 1.
58 Twomey, Understanding the Legal Aspects of Design/Build, S. 107 f.; Smith, Currie & Hancock's Common Sense Construction Law, S. 6 f.

berechtigterweise die Bewältigung aufgrund etablierter Standards erwartet werden kann.[59] Nicht zu unterschätzen ist in der amerikanischen Rechtswirklichkeit in diesem Zusammenhang die Bedeutung der ökonomischen Ziele, Gepflogenheiten und Gewohnheiten (custom and usage), die ihrerseits bestimmte und allgemein anerkannte Industriestandards und damit wiederum ökonomisch-rechtlich hybride Haftungsgrundlagen begründen, die nur teilweise kodifiziert sind.[60] Dies vermittelt einen Bezug zu den Wesensmerkmalen der von Posner begründeten Lehre der ökonomischen Analyse des Rechts, nach denen sich Pflichtenverteilung und Risikoallokation in einem freien Markt und ohne besondere Regelungen daran orientieren, welche Partei jeweils aus wirtschaftlicher Sicht betreffende Pflichten zu erfüllen hat und Risiken am ehesten eliminieren bzw. entstandene Schäden im gesamtwirtschaftlichen Interesse schultern kann.[61]

Das Common Law reflektiert auch hierbei allgemein akzeptierte Verhaltensstandards und weniger den Willen der Legislative.[62] Insofern unterliegt das baurechtliche Common Law im anglo-amerikanischen Rechtskreis rollierender Überprüfung der Veränderung solcher Standards durch die Gerichte. Sie sind darum bemüht, die Balance zwischen Freiheit und Verantwortung des Einzelnen aufrecht zu erhalten und auf der anderen Seite den nicht disponiblen Schutz zu wahren.[63]

Nun mag ein Vergleich mit der rechtlichen Ausgangslage in der Bundesrepublik in diesem Zusammenhang angesichts der eingangs betonten deutschen Kodifikationstradition und vergleichsweise hohen Regulierungsdichte auf den ersten Blick seltsam anmuten. Führt man sich allerdings vor Augen, dass in der Bundesrepublik gesetzliche Vorschriften zu Bauverträgen gerade nicht existieren, bedeutet dies zunächst, dass andere Regelwerke das Bauvertragsrecht dominieren.[64] Allen voran ist hier die VOB/B, die Vergabe- und Vertragsordnung für Bauleistungen, Teil B anzuführen. Sie hat weder Gesetzesrang noch ist sie Rechtsverordnung. Die Regelungen sind nach ständiger Rechtsprechung vielmehr als vorformulierte Vertragsbedingungen im Sinne des § 305 Abs. 1 BGB zu verstehen.[65] Ohne dies hier weiter zu vertiefen, gelangt man sehr schnell zu der Erkenntnis, dass der Rückgriff auf das allgemeine Werkvertragsrecht und die An-

---

59 Erlich v.First National Bank of Princeton, 505 A.2d 220 (N.J. 1984); Smith, Currie & Hancock's Common Sense Construction Law, S. 6.
60 Samuels, Construction Law, S. 3.
61 Collier, Construction Contracts, S. 6.
62 Smith, Currie & Hancock's Common Sense Construction Law, S. 6.
63 Twomey, Understanding the Legal Aspects of Design/Build, S. 107; Samuels, Construction Law, S. 3.
64 Messerschmidt/Voit-Messerschmidt, Privates Baurecht, 1. Teil, B Rn. 1.
65 BGH, NJW-RR 1998, S. 235, 236.

wendung der nicht mit Gesetzesrang bedachten VOB/B zu umfangreicher kautelarjuristischer Praxis, Judikatur, Präjudizien und einer ausufernden Menge an bauvertragsrechtlicher Literatur geführt hat.[66] Bemühungen wie etwa des Arbeitskreises Schuldrechtsmodernisierungsgesetz des Instituts für Baurecht, Freiburg e.V. (IfBF) mit dem baurechtlichen Ergänzungsentwurf II zum Schuldrechtsmodernisierungsgesetz vom 02.02.2002[67] ein gesetzliches Bauvertragsrecht zu etablieren oder des „Netzwerkes Bauanwälte" mit Anregungen und Vorschlägen zum Änderungsentwurf zur VOB/B (2006) vom 16.06.2006, um wenigstens eine Anpassung der VOB/B an die Bedürfnisse für eine sachgerechte und wirksame Verwendung als AGB zu erreichen, sind bislang und soweit ersichtlich ohne Erfolg geblieben.[68]

Damit ist in diesem Bereich durch den starken Einfluss der Rechtsprechung und in Ermangelung einer Systematisierung des Bauvertragsrechts auf normativer Ebene gewissermaßen eine Enklave für deutsches Case Law entstanden. Ohne diese Erscheinung qualitativ zu bewerten, ist diese Feststellung angesichts der eingangs dargelegten großen ökonomischen Bedeutung der Baubranche bemerkenswert. Das Bauvertragsrecht fordert den Juristen innerhalb des Gefüges der kontinentaleuropäischen Kodifikationstradition insoweit zu einer ähnlich gründlichen Recherche der Entwicklungen in der Rechtsprechung als Rechtsquelle heraus wie es ansonsten nur ein amerikanischer Rechtswissenschaftler gewohnt sein dürfte.[69]

2. Kodifizierte Rechtsquellen

Umgekehrt nehmen im amerikanischen Recht die gesetzlichen Anforderungen entgegen der Common-Law-Tradition im Bereich des gesamten Baurechts beachtlich rasant zu.[70] Sie binden insoweit auch die Rechtsprechung.[71]

Systematisch lassen sich diese in Vorschriften des Bundes und der Einzelstaaten aufteilen. Sie entfalten allerdings häufig keine unmittelbare Bindungswirkung gegenüber Einzelnen, sondern ermächtigen zu Verordnungen auf föderaler,

---

66 Roquette/Otto-Hamann, Vertragsbuch Privates Baurecht, A.I Rn. 37; Kniffka/Koeble, Kompendium des Baurechts, 2. A., 1. Teil C Rn. 21.
67 Bauvertraglicher Ergänzungsentwurf zum Diskussionsentwurf eines Schuldrechtsmodernisierungsgesetzes des Instituts für Baurecht Freiburg i.Br. e.V., Sonderheft BauR 4/2001 und Sonderheft BauR 4/2002.
68 Kniffka, IBR Interview, in: IBR 2005, S. 653.
69 Vgl. Zweigert/Kötz, Einführung in die Rechtsvergleichung, S. 69.
70 Smith, Currie & Hancock's Common Sense Construction Law, S. 7.
71 Hinze, Construction Contracts, S. 19.

staatlicher oder lokaler (städtischer oder regionaler) Ebene.[72] Bauvertragsrechtliche Bestimmungen existieren lediglich vereinzelt, vornehmlich in Bereichen, in denen der Schutz von Verbrauchern als unumgängliche Aufgabe gesehen wird. Diese stellen zumeist „Insellösungen" zu bestimmten Verbraucherbedürfnissen dar. Diese können z. B. Schriftformerfordernisse bei Vertragsschluss oder Vertragsänderungen oder bestimmte unabdingbare Gewährleistungsfristen mit sich bringen.[73]

Regelungen für das allgemeine Vertragsrecht durch Bundesgesetze, wie etwa dem von den meisten Bundesstaaten adaptierten Uniform Commercial Code (UCC), betreffen grundsätzlich den Kauf beweglicher Güter (Sec. 2 UCC). Dort enthaltene allgemeine Regeln des Vertragsrechts werden in der neueren amerikanischen Rechtsprechung aber teilweise entsprechend auf Bauverträge angewendet.[74]

Im Übrigen sind solche gesetzlichen Vertragsregeln Ausnahmeerscheinungen, da die Gesetzgebungskompetenz überwiegend auf die Wahrung originär öffentlicher Interessen beschränkt ist. Das betrifft vornehmlich die Bereiche Antidiskriminierung und Umweltschutz[75] oder bestimmte Bauleitplanungsvorschriften in Form von Developer- und Baugesetzen.[76] Abgesehen davon ist der Anspruch der Vertragsautonomie im Bereich des Bauvertragsrechts nahezu uneingeschränkt.[77]

Die Gesetzesvorhaben mit Schnittmengen zu öffentlichen und allgemeinen Interessen, die den U.S.-Kongress als landesweit anwendbare Vorschriften passieren, bedürfen zudem einer Regelungsmaterie von übergreifender Bedeutung, die Mindeststandards wie etwa die generelle Registrierung und Zulassung von Architekten und Bauunternehmern, den Umweltschutz- und Energiespargesetze oder aber Vorschriften im Bereich der Arbeitssicherheit oder Gesundheitssicherung unabdingbar machen.[78] Doch auch bei diesen Vorschriften obliegt es regelmäßig den zuständigen Behörden, die Maßgaben etwa im Hinblick auf regionale Umweltstandards, die im Bereich des Baugewerbes einzuhalten sind, entsprechend zu konkretisieren.[79] Eine strikte Trennung von öffentlichem und privatem Recht sucht man in Ländern des Common Law indessen vergeblich.[80]

---

72 Albern, Factory Constructed Housing Developments, S. 108.
73 Collier, Construction Contracts, S. 11.
74 Hök, Handbuch des internationalen und ausländischen Baurechts, § 42 Rn. 1.
75 Hök, Handbuch des internationalen und ausländischen Baurechts, § 42 Rn. 3.
76 Vgl. Albern, Factory Constructed Housing Developments, S. 108.
77 Collier, Construction Contracts, S. 6.
78 Smith, Currie & Hancock's Common Sense Construction Law, S. 7; Albern, Factory Constructed Housing Developments, S. 108; Samuels, Construction Law, S. 3.
79 Sweet, Legal Aspects of Architecture, Engineering, and the Construction Process, S. 4; Albern, Factory Constructed Housing Developments, S. 109 f.
80 Blumenwitz, Einführung in das anglo-amerikanische Recht, S. 20.

Die im deutschen Recht strikte dogmatische Trennung zwischen Privatrecht und öffentlichem Recht setzt sich demgegenüber auch im Baurecht fort.[81] Wesentliche Unterscheidungsmerkmale ergeben sich hier aus dem je unterschiedlichen Normzweck und den entsprechenden rechtlichen Durchsetzungsmitteln. Während im öffentlichen Recht die Verwirklichung von Interessen der Allgemeinheit im Vordergrund steht, dienen die gesetzlichen und vertraglichen Regelungen des Privatrechts der Verwirklichung privater Interessen.[82] Anders als im amerikanischen Recht sind damit jeweils unterschiedliche Rechtswege verbunden. Im Unterschied zu privatrechtlichen Konflikten ist bei streitigen öffentlichen Belangen das Verhältnis des zur Entscheidung berufenen Trägers hoheitlicher Gewalt gegenüber dem jeweiligen Bürger zumeist von einem Über- und Unterordnungsverhältnis im Sinne eines klassisch öffentlich rechtlichen Subordinationstatbestandes gekennzeichnet. Diese Differenzierung setzt sich im deutschen privaten und öffentlichen Baurecht fort.[83] Dem öffentlichen Baurecht als Teilmaterie des öffentlichen Rechts und speziell des besonderen Verwaltungsrechts sind systematisch diejenigen Vorschriften zuzuordnen, die die Zulässigkeit von baulichen Anlagen, ihre Errichtung, Nutzung, Änderung oder Beseitigung sowie die jeweilige notwendige Beschaffenheit und die die Ordnung der baulichen Nutzung betreffen.[84]

Das deutsche private Baurecht hingegen soll für einen baubezogenen Interessenausgleich zwischen unter Umständen kontrahierenden natürlichen oder juristischen Personen untereinander sorgen. Es regelt daher die Rechtsbeziehungen der an der Planung und Durchführung eines Bauvorhabens Beteiligten, also der Bauherrschaft zum Bauunternehmer, Architekten etc. und etwaige Beziehungen der Beteiligten zu Dritten wie z.B. Nachbarn nach den Nachbarrechtsgesetzen der Länder oder anderen vom Baugeschehen Betroffenen (beispielsweise bei Verkehrssicherungspflichten) sowie den Haftungsausgleich zwischen mehreren Verantwortlichen.[85]

Zahlreiche Vorschriften für Rechtsverhältnisse im Zusammenhang mit Bauvorhaben sind im BGB dem Allgemeinen Teil, dem Schuldrecht und dem Werkvertragsrecht zu entnehmen. Das BGB-Werkvertragsrecht ist aber grundsätzlich nicht auf Bauvorhaben zugeschnitten und enthält wie beschrieben keine Vorschriften zum Bauvertrag.[86] Im deutschen Recht werden deshalb Konkretisierun-

---

81 Reichling, Effektivität in baurechtlichen Planungs- und Genehmigungsverfahren, S. 3; Ingenstau/Korbion-Vygen, VOB, Einleitung Rn. 5 ff.
82 Reichling, Effektivität in baurechtlichen Planungs- und Genehmigungsverfahren, S. 3.
83 Vygen/Joussen, Bauvertragsrecht nach VOB und BGB, Rn. 8 f.
84 Reichling, Effektivität in baurechtlichen Planungs- und Genehmigungsverfahren, S. 4.
85 Vygen/Joussen, Bauvertragsrecht nach VOB und BGB, Rn. 12.
86 Dörfler-Collin, Baurecht für den Praktiker, S. 7 f.

gen für Werkverträge häufig der VOB/B auf untergesetzlicher Ebene (Teil A betrifft das Vergabeverfahren zur Vergabe von Bauleistungen, Teil C enthält technische Regeln) im Sinne von allgemeinen Geschäftsbedingungen sowie den dazu ergangenen Entscheidungen in der Rechtsprechung entnommen. Daneben sind gegebenenfalls Vorschriften des Handelsgesetzbuches (HGB) zu beachten, die Makler- und Bauträgerverordnung (MaBV), das Gesetz über Wohnungseigentum und das Dauerwohnrecht (WEG), das Gesetz über die Sicherung von Bauforderungen (nunmehr BauFordSiG), das Gesetz gegen Wettbewerbsbeschränkungen (GWB), welches Regelungen bezüglich der Überprüfung von Vergabeentscheidungen durch die öffentliche Hand enthält, und schließlich ist die Honorarordnung für Architekten und Ingenieure (HOAI) bindend.[87]

Im Vergleich der Rechtsordnungen wird damit deutlich, dass auch im Bereich des Bauvertragsrechts ein erhebliches Gefälle der Regulierungsdichte zwischen den Vereinigten Staaten und der Bundesrepublik zu beobachten ist. Obwohl im deutschen Recht keine spezifischen Bauvertragsgesetze existieren, werden betreffende Fragen über Anwendung der allgemeinen gesetzlichen Vertragsgrundsätze, insbesondere im allgemeinen Teil des BGB und des besonderen Schuldrechts, namentlich des Werkvertragsrechts behandelt. Alternativ kommt es zur Anwendung der VOB/B als Geschäftsbedingungen, die dann gegebenenfalls wiederum einer gesetzlichen Inhaltskontrolle über die §§ 305 ff. BGB unterliegen. Andererseits ist im amerikanischen Bauvertragsrecht jedenfalls in Teilen auf bundesstaatlicher Ebene zu beobachten, dass für spezielle Verbraucherbedürfnisse gesetzliche „Enklaven" geschaffen werden, wie etwa besondere Schriftformerfordernisse für Bauverträge.[88]

Kodifizierte Rechtsquellen sind in den U.S.A. besonders im Bereich öffentlicher Interessen an einer geordneten Planung von Bebauungen zu finden, welche im deutschen Recht über den Bereich des öffentlichen Baurechts abgedeckt werden. Betrachtet man im direkten Vergleich die kodifizierten Rechtsquellen von öffentlichem Interesse und des deutschen öffentlichen Rechts, die für Bauvorhaben von besonderer Bedeutung sind, so ergibt sich das nachfolgend skizzierte Bild.

---

87 Vgl. Vygen/Joussen, Bauvertragsrecht nach VOB und BGB, Rn. 11.
88 Collier, Construction Contracts, S. 11.

V. Öffentliche Interessen und öffentliches Recht

1. Lizenzierungs- und Registrierungsvorschriften

In den meisten Staaten der U.S.A. existieren spezifische bauberufsrechtliche Bestimmungen. So bestehen regelmäßig bundesstaatliche Lizenzierungs- bzw. Registrierungskommissionen, deren Aufgabenbereich darin besteht, die theoretischen und praktischen Anforderungen sowie das Tätigkeitsfeld von Architekten und Ingenieuren konkret zu bestimmen (licensing). Um dieses Ziel verwirklichen zu können, ist die jeweilige professionelle Berufsausübung daher grundsätzlich ohne eine entsprechende Lizenz der betreffenden Behörde verboten.[89] Auch in diesem Bereich lässt sich eine zunehmende Regulierungstendenz zur Sicherung bestimmter beruflicher Standards feststellen. Erteilte Lizenzen selbst sind weitgehend widerruflich oder aussetzbar und für betreffende Lizenzierungsstreitigkeiten oder Beschwerden über Verstöße gegen Berufspflichten gibt es regelmäßig eine eigene Gerichtsbarkeit oder es sind bestimmte Schlichtungsverfahren vorgesehen.[90]

Weniger einheitlich ist die Rechtslage für Handwerker als Auftragnehmer bzw. Bauunternehmungen. So bedarf es, abgesehen von Lizenzierungs-Prüfungen für bestimmte sicherheits- bzw. gesundheitsrelevante Tätigkeiten, regelmäßig keiner speziellen theoretischen oder praktischen beruflichen Qualifikation. Allerdings verlangt die Mehrzahl der Bundesstaaten eine generelle Registrierung, in einigen Staaten ist diese auf Bauunternehmer beschränkt, die gewerbliche, nicht aber ausschließlich Wohnbauten erstellen, andere Staaten wiederum verlangen betreffende Registrierungen nur für öffentliche Aufträge.[91]

Transparent wird die Befolgung der jeweiligen Vorschriften in den Vereinigten Staaten zunehmend über Internet-basierte und öffentlich zugängliche Register, wobei eine Abfrage auch auf dem herkömmlichen schriftlichen Weg über die zuständigen Behörden erfolgen kann. Vor Vertragsschluss kann beispielsweise je nach Umfang der rechtlichen Verpflichtungen und deren Offenlegung, und das kann von Bundes- zu Bundesstaat stark variieren, geprüft werden, ob der Auftragnehmer registriert ist, ob es bereits zu Disziplinarverfahren, Streitschlichtungen oder Gerichtsverfahren kam und in welchem Umfang Versicherungsschutz besteht oder Bürgschaften in Anspruch genommen wurden. Teilweise

---

89 Bockrath, Contracts and the Legal Environment for Engineers and Architects, S. 12; Sweet, Legal Aspects of Architecture, Engineering, and the Construction Process, S. 4.
90 Bockrath, Contracts and the Legal Environment for Engineers and Architects, S. 12.
91 Bockrath, Contracts and the Legal Environment for Engineers and Architects, S. 12.

können sogar Informationen darüber eingeholt werden, ob entsprechende Strafen oder Vergleichsbeträge gezahlt wurden.[92]

Die betreffenden Regelungen im deutschen Recht in diesem Bereich erscheinen differenzierter. Denn nach deutschem Recht führt bereits die an das Steuerrecht angelehnte Unterscheidung zwischen freiberuflicher und gewerblicher Tätigkeit anhand § 18 EStG neben der Differenzierung zwischen Umsatzsteuerpflicht bei Freiberuflern und Gewerbesteuer bei gewerblicher Tätigkeit dazu, dass Architekten und Ingenieure (§ 18 Abs. 1 Nr. 1 S. 2 EStG) als Freiberufler auf der einen Seite auch keiner Gewerbeanmeldung unterliegen. Andererseits bedingt ein Führen der Titel Architekt und „Beratender Ingenieur" der Eintragung in die Architektenliste und betreffende Kammerzugehörigkeit oder Mitgliedschaft in einer Ingenieurkammer. Darüber hinaus ist die Bezeichnung Ingenieur zumindest insoweit geschützt, als hierfür der entsprechende Hochschulabschluss erforderlich ist.[93] Was die theoretischen und praktischen Anforderungen sowie das Tätigkeitsfeld von Architekten und beratenden Ingenieuren betrifft, ist deren Nachweis vor Aufnahme in die jeweilige Kammer bei derselbigen nachzuweisen.[94]

Bei Auftragnehmern ist demgegenüber zu unterscheiden, ob es sich aufgrund einer reinen Handwerkstätigkeit um ein anzeigepflichtiges Gewerbe handelt, verbunden mit einer Mitgliedschaft in der jeweiligen Handwerkskammer (und ggf. unter Eintragung eines im Baubereich überwiegend zulassungspflichtigen Handwerks in die Handwerkerrolle gem. § 1 Abs. 1 und 2 Handwerksordnung[95]) oder ob (und abgesehen von in beiden Kammern eingetragenen Mischbetrieben) eine Pflichtmitgliedschaft in einer regionalen Industrie- und Handelskammer begründet ist.[96]

Bei Vergleich von amerikanischem und deutschem Recht ergibt sich somit ein ähnliches Bild für die Berufsausübung bei Architekten und Ingenieuren in der Betrachtung der berufstheoretischen und -praktischen Anforderungen sowie der

---

92 Vgl. *http://www.state.nj.us/dca/codes/newhome_warranty/pdf/claim_report _09.pdf*, Stand: 13.05. 2010; *http://www.oregon.gov/CCB/index.shtml*, Stand: 13.05.2010; *http://tn.gov/com merce/reports/index.shtml;* Stand: 13.05.2010; *http://tennessee.gov/consumer/documents/ Problem Contractors_012.pdf,* Stand: 13.05.2010; *https://fortress.wa.gov/lni/bbip/,* Stand: 13.05.2010.
93 Vgl. Hierzu die jeweiligen Architekten- bzw. Baukammergesetze sowie Ingenieur- bzw. Ingenieurkammergesetze der Länder.
94 Vgl. § 4 Hessisches Architekten- und Stadtplanergesetz (HASG).
95 Vgl. Anlage A zur Handwerksordnung.
96 Vgl. § 2 des Gesetzes zur vorläufigen Regelung des Rechts der Industrie- und Handelskammern i. V. m. dem hessischen Ausführungsgesetz zur vorläufigen Regelung des Rechts der Industrie- und Handelskammern.

Voraussetzungen. Eine Besonderheit des deutschen Rechts ist die Differenzierung gewerblicher und freiberuflicher Betätigung.

Hingegen wird schnell deutlich, dass die Hürden eines Zugangs zum amerikanischen Markt (wie eingangs erwähnt) für die bei Bauvorhaben besonders relevanten handwerklichen Tätigkeiten auch für Einsteiger vergleichsweise gering sind und es regelmäßig lediglich einer schlichten Registrierung und damit keiner besonderen Überprüfung bedarf. Dies führt zu einem großen Angebot und entsprechendem Preiswettbewerb bei lohnkostenintensiven und in der Regel wenig industrialisierten handwerklichen Arbeitsprozessen. Allerdings ist auch eine entsprechend hohe Zahl an Insolvenzen zu beobachten.[97] Im deutschen Recht bestehen durch die Handwerksordnung demgegenüber nach wie vor, geschichtlich vom undurchlässigen Ständewesen herrührende, Monopole für bestimmte handwerkliche Tätigkeiten, die trotz teilweiser Aufhebung des deutschen Meisterzwangs vor dem Hintergrund der Dienstleistungsfreiheit aus Art. 49 ff. des EG-Vertrages und der betreffenden Rechtsprechung des europäischen Gerichtshofes zum diskriminierungsfreien Marktzugang bedenklich sind.[98] Hinzu kommt, dass ein immanentes Ungleichgewicht entsteht, soweit handwerkliche Tätigkeiten ohne Maßgaben der Handwerksordnung durch Unternehmen mit industrialisierten Herstellungsprozessen erbracht werden können – wie beispielsweise im Beton- oder Holzfertigbau.

Die mit der Handwerksordnung intendierte Sicherstellung der Sicherheit und Qualität handwerklicher Leistungen geschieht im amerikanischen Recht demgegenüber auf de- bzw. minderreguliertem Wege der Markttransparenz mit dem ökonomischen Ansatz, dass der Markt unfähige Anbieter aussortiert. Die Publizität der Registrierungen im amerikanischen Recht sowie der zunehmend bequeme Zugang zu weiteren Angaben sind bemerkenswert. So kann sich der potentielle Vertragspartner vorab ein differenziertes Bild über Versicherungsschutz, Disziplinarverfahren oder Rechtsstreitigkeiten seitens bestimmter gewerblicher Auftragnehmer machen, seien es natürliche oder juristische Personen. Selbstverständlich ist auf diese Weise in einem insoweit „freien" Markt kein genereller Schutz des Einzelnen zu erzielen.

Im deutschen Recht sind immerhin gewisse Parallelen und Tendenzen einer allgemeinen Markttransparenz zu finden. Zwar gibt es keine unmittelbaren Entsprechungen, im Hinblick auf Kapitalgesellschaften als Auftragnehmer besteht jedoch über die Publizitätspflichten gem. §§ 325 ff. HGB durch das Bilanzrichtlinien-Gesetz allerdings die Möglichkeit – bei allen Einschränkungen im Hinblick auf die Aussagekraft einer Bilanz zur Liquidität und berechtigten Geheim-

---

97 Hinze, Construction Contracts, S. 4.
98 Vgl. EuGH, Urt. V.03.10.2000, Rs. C-58/98-Josef Corsten, in: EuZW 2000, S. 763.

haltungsinteressen von Unternehmen – sich jenseits von Auskunfteien über den freien Zugang zum elektronischen Bundesanzeiger einen Überblick über die Vermögens-, Finanz- und Ertragslage der Gesellschaft zu machen.[99] Auf diesem Weg kann eine gewisse Insolvenzprophylaxe und Gläubigerschutz erlangt werden, indem neben der Geschäftsleitung und den Gesellschaftern auch die Gläubiger und potentiellen Geschäftspartner über die Vermögens-, Finanz- und Ertragslage der Gesellschaft informiert werden, wenn auch erheblich zeitversetzt.

Dies setzt bei durchschnittlichen Auftraggebern und Verbrauchern zudem Interpretationsfähigkeiten voraus, die so nicht zu erwarten sind, während Informationen über Beschwerden, Disziplinarverfahren gegenüber Handwerkern und Unternehmen, anhängiger oder verlorener Rechtsstreitigkeiten, wie in einem Teil der amerikanischen Register geführt werden, bedeutend einfacher zu interpretieren sind, wenngleich der Gehalt der Informationen erheblich verkürzt ist. Denn hierdurch wird ohne direkten gesetzlichen Protektionismus in einer anreizkompatiblen Weise ein Teil der Informationsasymmetrie innerhalb der vertraglichen Beziehung aufgehoben. Vertrauen in die Leistungsfähigkeit des Vertragspartners kann entstehen bzw. bestärkt werden oder eben nicht, mag dieser Ansatz eines „virtuellen Prangers" mit dem deutschen Verständnis von Datenschutz und informationeller Selbstbestimmung auch nur schwer in Einklang zu bringen sein.

2. Bauplanungs- und -ordnungsvorschriften im Vergleich

Ein weiterer wesentlicher Bereich für Bauvorhaben betrifft die öffentlichen Vorgaben für das Bauen an sich. Bauland ist unter einer einheitlichen ökonomischen wie ökologischen Betrachtung prinzipiell eine knappe Ressource. Die Wege und Kriterien einer angemessenen Verteilung beruhen im amerikanischen und deutschen Recht allerdings auf unterschiedlichen Ausgangssituationen.

a) Amerikanisches Bauplanungs- und Genehmigungsrecht

Die öffentliche Planung der Bebauung geschieht vor allem über Zoning, d. h. das Einteilen von Bodengebieten in bestimmte Bereiche, sowie gegebenenfalls erforderliche Municipal Approvals oder Building Permits als konkrete Genehmigungstatbestände. Zoning unterliegt zumeist der ausschließlichen Rechtssetzungskompetenz lokaler Gemeinden bzw. Gebietskörperschaften.[100] Die einzelnen Staaten können zudem sogenannte Building Codes errichten, die Besonderheiten der örtlichen öffentlichen Belange und Sicherheitsaspekte sowie die je-

---

99 Vgl. *https://www.ebundesanzeiger.de*
100 Hök, Handbuch des internationalen und ausländischen Baurechts, § 42 Rn. 6.

weilige spezielle Intensität der Bodennutzung verbindlich regeln und für Bezirke oder Städte nicht zwingend bindend sind.[101] Zwar gibt es auch hier Bestrebungen der Rechtsvereinheitlichung durch ein Mustergesetz, vergleichbar dem UCC, die sich aber bislang nicht durchsetzen konnten.[102]

In den Vereinigten Staaten können Bauherren allerdings auch mit der Situation konfrontiert sein, dass in bestimmten Regionen keinerlei bauleitplanungsrechtliche Restriktionen bestehen, während in anderen, insbesondere bereits stark entwickelten Kommunen, eine strikte und umfassende Bauleitplanung vorliegt.[103] Im Bereich von Zoning, Approvals und Permits lassen sich daher die größten regionalen Divergenzen in den Vereinigten Staaten feststellen.[104] Auch bedeutet dies nicht zwangsläufig, dass in Gemeinden ohne ausdrückliche planungsrechtliche Vorgaben nicht etwa etablierte gewohnheitsrechtliche Beschränkungen einzuhalten sind.

aa) Zoning und Rezoning – Inhalt und Verfahrensgrundsätze

Konkret bedeutet Zoning eine territoriale Untergliederung einer Gemeinde mittels Festsetzungen, die strukturelle und architektonische Vorgaben für Gebäude treffen und die Nutzung der bzw. durch die betreffenden Gebäude verbindlich vorschreiben.[105] Die Gebietsuntergliederungen werden regelmäßig durch die zuständigen kommunalen Behörden innerhalb ihres Gebietes vorgenommen. Dazu werden in der Regel gemeindliche Kommissionen ins Leben gerufen, die mit Befugnissen zur Durchführung von verbindlichen Zoning-Verfahren ausgestattet sind.[106]

Die wesentliche Bedeutung von Zoning Law liegt in der rationellen Planung von Baulandnutzung, der Gewährleistung geordneter Landentwicklung und der Werterhaltung im Hinblick auf die bestehenden Eigentumsrechte.[107] Ferner soll die Sicherung eines einheitlichen und stimmigen sowie planerisch ausgewogenen

---

101 Sweet, Legal Aspects of Architecture, Engineering, and the Construction Process, S. 4; Hök, Handbuch des internationalen und ausländischen Baurechts, § 42 Rn. 6.
102 Hök, Handbuch des internationalen und ausländischen Baurechts, § 42 Rn. 6.
103 Albern, Factory Constructed Housing Developments, S. 19, 121.
104 Albern, Factory Constructed Housing Developments, S. 111 ff.
105 City of Moline Acres v. Heidbreder, 367 S.W.2d 568, 572 (Mo. 1963); Bockrath, Contracts and the Legal Environment for Engineers and Architects, S. 408; Hinze, Construction Contracts, S. 35.
106 Merritt/Ricketts, Building Design and Construction Handbook, Kap.1.11.
107 Fargo Cass County v. Harwood, 256 N.W.2d 694 (N.D. 1977); McGuerty/ Lester, The Complete Guide to Contracting, S. 28; Bockrath, Contracts and the Legal Environment for Engineers and Architects, S. 408.

städtebaulichen Gesamtbildes gewährleistet werden.[108] Generell geht es daher vorwiegend um Abgrenzung intensivierter Grundnutzung (etwa in kommerziell oder industriell genutzten Gebieten) von einer weniger intensiven wie etwa in Wohngebieten.[109] Klassische Einteilungen sind daher Wohngebiete, Industriegebiete sowie gewerblich und landwirtschaftlich genutzte Gebiete mit ihren jeweiligen Festlegungen, wobei es zu Mischformen kommen kann.[110] Bestehende Einteilungen können dabei zumeist durch Einsicht in die Pläne (zoning maps) ermittelt werden.[111]

Erwägungen im Hinblick auf die allgemeine Sicherheit, Ordnung und Aspekte der Gesundheit, eine möglichst konsistente, gesellschaftlich-sozial und kulturell ausgewogene Städteplanung sowie ferner Gesichtspunkte energiesparender und umweltschonender Bauweisen sind dabei durch die Kommissionen im Zoning-Verfahren trotz Einbeziehung der Öffentlichkeit auch ohne besonderes Vorbringen der Beteiligten angemessen zu berücksichtigen.[112] Selten bestehen in diesem Zusammenhang allerdings konkrete rechtliche Vorgaben für eine wirksame Bauleitplanung, die von der betreffenden Kommission zu befolgen sind. Hierdurch wird das Überwiegen von politischen Maximen gegenüber statischen Rechtsgrundsätzen dieses bauvorbereitenden Prozesses deutlich.[113] So überprüfen Gerichte vorwiegend kursorisch die Ernsthaftigkeit der Bemühungen um das öffentliche Wohlergehen und dass Zoning-Beschränkungen nicht willkürlich, unangemessen und diskriminierend sind.[114]

Zudem weist das amerikanische Recht im Hinblick auf nachträgliche Veränderungen von Zoning-Festlegungen eine hohe Flexibilität auf. Festlegungen werden entweder bewusst vage formuliert, genießen geringen Bestands- und Vertrauensschutz oder aber es sind Ausnahmegenehmigungen zu Abweichungen von den Vorgaben (variances) möglich.[115] Für Developer beispielsweise hat sich daher eine zunehmende Praxis der Einbeziehung von beratenden Teams herausgebildet

---

108 McGuerty/ Lester, The Complete Guide to Contracting, S. 28.
109 Hinze, Construction Contracts, S. 35; Albern, Factory Constructed Housing Developments, S. 121.
110 Hageman, Contractor's Guide to the Building Code, S. 19; Hinze, Construction Contracts, S. 35.
111 McGuerty/ Lester, The Complete Guide to Contracting, S. 28; Merritt/Ricketts, Building Design and Construction Handbook, Kap. 1.11.
112 Merritt/Ricketts, Building Design and Construction Handbook, Kap.1.11.
113 Albern, Factory Constructed Housing Developments, S. 120.
114 Bockrath, Contracts and the Legal Environment for Engineers and Architects, S. 411; vgl. Tekoa Construction, Inc. v. City of Seattle (781 P.2d 1324); Hinze, Construction Contracts, S. 35.
115 Albern, Factory Constructed Housing Developments, S. 121; McGuerty/ Lester, The Complete Guide to Contracting, S. 28.

(bestehend etwa aus Architekten, Anwälten, Buchhaltern, Gutachtern und Ingenieuren, Marktforschern und PR-Experten sowie Lobbyisten), die über die notwendige Expertise hinsichtlich der zu beachtenden Anforderungen auf sämtlichen staatlichen Ebenen verfügen und zudem bei Öffentlichkeitsarbeit und Zusammenarbeit auf politischer Ebene über hinreichende Erfahrungen verfügen.[116]

bb) „Privates" Zoning

Zoning-Verfahren dienen wie beschrieben der Kontrolle und Steuerung der Baulandentwicklung. Bauvorhaben des Wohnungsbaus in Gebieten ohne Festsetzungen bergen folglich die latente Gefahr, dass auch andere (z.B. auch Unternehmen) von dieser Baufreiheit Gebrauch machen. Ähnliche Probleme können in Gebieten entstehen, deren Bauzonen ohne weiteres neu eingeteilt werden können.[117] Im amerikanischen Zoning besteht daher die Möglichkeit, dass sich Anforderungen an die Bebauung mittels bestimmter und in öffentliche Grundstücksregister eintragungsfähiger Zusicherungen, den Covenants, auf privatrechtlicher Ebene verbindlich errichten lassen. Dadurch lässt sich eine ursprüngliche Entwicklung und Planung festschreiben und eine bauliche Werthaltigkeit der betreffenden Bauobjekte im jeweiligen Bauabschnitt absichern.[118]

cc) Municipal Approvals und Building Permits

Inzwischen besteht darüber hinaus in den meisten Bundesstaaten und Kommunen in den U.S.A. das Erfordernis, vor Baubeginn für ein Bauobjekt eine Baugenehmigung zu erwirken. Die gesetzlichen Voraussetzungen sind in den jeweiligen Building Codes, zumeist angelehnt an den Uniform Building Code, zu finden.

Eine Baugenehmigung nach amerikanischem Recht muss danach regelmäßig bei der örtlich zuständigen Behörde (in der Regel das County Building Inspector's Office) des jeweiligen Bauinspektors (building official) als ausführendes Organ vor dem Beginn der eigentlichen Bauarbeiten beantragt werden. Dies dient zum einen der Überprüfung, ob mandatorische Voraussetzungen einzuhalten sind,[119] aber insbesondere dem Zweck, die Behörde von dem jeweiligen Bauprojekt und dessen Beginn in Kenntnis zu setzen, so dass entsprechende Kontrollen vor Ort während der Bauzeit erfolgen können.[120] Die einzureichenden Planungsunterlagen müssen regelmäßig je einen Lageplan, einen Plan für das Fundament,

---

116 Albern, Factory Constructed Housing Developments, S. 122.
117 Albern, Factory Constructed Housing Developments, S. 121.
118 McGuerty/ Lester, The Complete Guide to Contracting, S. 27 f.
119 Hageman, Contractor's Guide to the Building Code, S. 17.
120 McGuerty/ Lester, The Complete Guide to Contracting, S. 29.

Geschosspläne, Planungsunterlagen für die Dachkonstruktion, entsprechende Aufrisse sowie die nötigen Unterlagen in Bezug auf die Einzelabschnitte enthalten, die insgesamt verdeutlichen, was in welcher Weise gebaut werden soll.[121] Bei Einfamilienheimen sind die notwendigen Informationen zur Statik, Elektronikinstallation und Sanitäreinrichtungen in aller Regel bereits aus den allgemeinen Plänen des Architekten oder Ingenieurs zu ersehen.[122] Mit einer Genehmigung ist in Anbetracht dieses begrenzten Prüfungsumfangs beim privaten Eigenheimbau durchschnittlich innerhalb von zwei Wochen zu rechnen.[123]

b) Bauplanung und -genehmigung nach deutschem Recht

Die Maßgaben für die Bauplanung, Bauordnung und hier insbesondere für die Genehmigung von Bauvorhaben sind im deutschen Recht vielschichtig. Sie sind zu finden im Planungsrecht, Raumordnungsrecht, Bodenordnungsrecht und Bauordnungsrecht. Kodifiziert sind diese Bereiche vor allem im Baugesetzbuch, den Landesbauordnungen, in den betreffenden Baunutzungsverordnungen, in den verschiedenen Straßengesetzen und im Immissionsschutzgesetz.[124]

Während das amerikanische Recht wie oben dargelegt im Wesentlichen zweigliedrig nur eine jeweils regionale Planung mittels Zoning vorsieht und eventuell weiterhin auf kommunaler Ebene bestimmte Anzeige- oder Genehmigungstatbestände hat, ist im deutschen Recht eine weitere Ebene, nämlich die der überörtlichen Planung bzw. Bauleitplanung aufzufinden, die im Baugesetzbuch (BauGB) insbesondere in den §§ 5 bis 10 BauGB geregelt ist. Zu dieser gehört vorwiegend die Aufstellung von Flächennutzungsplänen, aus denen dann die betreffenden Bebauungspläne als Satzungen der lokalen Gebietskörperschaften innerhalb ihres Selbstverwaltungsrechts nach Art. 28 Abs. 2 GG zu entwickeln sind. Weiterhin sind im deutschen Recht gegebenenfalls die Zweige des Raumordnungsrechts, geregelt im Raumordnungsgesetz (ROG), und des Bodenordnungsrechts von eigenständiger Bedeutung, welches vor allem das Baunutzungsrecht umfasst und in der Baunutzungsverordnung (BauNVO) kodifiziert ist. Schließlich kommt dem in den jeweiligen Landesbauordnungen niedergelegten Bauordnungsrecht für die eigentliche Durchführung eines einzelnen Bauvorhabens eine entscheidende Rolle zu.[125] Zu berücksichtigen sind danach eine geordnete landschaftliche und städtebauliche Entwicklung, Beschaffenheitsmerkmale, die Sicherheit sowie nachbarschaftliche Interessen. In Verbindung mit den Maßgaben des BauGB er-

---

121 Hageman, Contractor's Guide to the Building Code, S. 19.
122 Hageman, Contractor's Guide to the Building Code, S. 19.
123 Hageman, Contractor's Guide to the Building Code, S. 17.
124 Vygen/Joussen, Bauvertragsrecht nach VOB und BGB, Rn. 6.
125 Vygen/Joussen, Bauvertragsrecht nach VOB und BGB, Rn. 6.

geben sich daraus die betreffenden genehmigungsbedürftigen oder -freien Tatbestände und Verfahrensvorschriften.

Unabhängig davon, ob nach jeweiligem Landesrecht für ein Bauvorhaben eine Genehmigung oder Anzeige erforderlich ist, ist die Rechtmäßigkeit einer Baumaßnahme unter Beachtung des öffentlichen Baurechts zu beurteilen, denn die Bebaubarkeit und Bebauungsart hängt davon ab, ob dem Bauvorhaben öffentliche Baubeschränkungen entgegen stehen. So muss das Baugrundstück in der Regel nach dem Flächennutzungsplan als Baugebiet ausgewiesen sein. Ferner ist zu beurteilen, ob die Bebauung des Grundstücks einem vorhandenen Bebauungsplan entspricht, welcher Art und Ausmaß der baulich zulässigen Nutzung festlegt.[126] Des Weiteren muss die Erschließung (beispielsweise die verkehrsmäßige Anbindung sowie die Ver- und Entsorgung) gesichert sein. Beschränkungen können sich zudem aus dem besonderen Städtebaurecht ergeben.

Im Falle der Genehmigungspflichtigkeit kann hierbei die Genehmigungsfähigkeit vorab mittels Bauvoranfrage geklärt und auf diese Weise eine verlässliche Planungsgrundlage erzielt werden.

c) Bauplanung und -genehmigung im Vergleich

Zwar ergeben sich aus den dargestellten Grundzügen bereits zahlreiche interessante Vergleichungsmöglichkeiten von Zoning mit dem Erstellen von Bebauungsplänen sowie der unterschiedlich ausgebildeten Genehmigungsverfahren nach amerikanischem und nach deutschem Recht. Wird eine Konzentration auf die wesentlichen Anknüpfungspunkte vorgenommen, lassen sich daraus die folgenden Erkenntnisse ableiten:

Bei vergleichender Betrachtung wird durch die Verfahrensbeteiligung und Einflussnahme- und Gestaltungsmöglichkeiten Privater erneut die teilweise unscharfe Trennung von öffentlichem und privatem Recht und Baurecht in den U.S.A. deutlich. Gleichwohl bildet das amerikanische Zoning Law die Grundlage für einen Vergleich mit der Aufstellung von Bebauungsplänen im deutschen Recht. Die leitenden Grundgedanken sind prinzipiell vergleichbar. Das Prozedere erfüllt keinen Selbstzweck. Die Interessen der Allgemeinheit sollen und müssen angemessen berücksichtigt werden, im amerikanischen Recht notfalls unter Ausübung bestehender Police Powers im Sinne hoheitlicher Befugnisse.[127] Ebenso wie die eigentlichen Genehmigungstatbestände in Form von Municipal Approvals und Building Permits unterliegt Zoning, vergleichbar mit der Satzungsauto-

---

126 Vygen/Joussen, Bauvertragsrecht nach VOB und BGB, Rn. 8.
127 Merritt/Ricketts, Building Design and Construction Handbook, Kap.1.11; Hinze, Construction Contracts, S. 35.

nomie deutscher Gemeinden beim Aufstellen von Bebauungsplänen, der Rechtssetzungskompetenzder lokalen Körperschaften. Interessant – und gewissermaßen diametral zur anwachsenden Regulierung im amerikanischen Recht – sind in diesem Zusammenhang die „Privatisierungstendenzen" im deutschen öffentlichen Baurecht.[128] Die beschrittenen Wege vom Genehmigungszwang hin zur Anzeigepflicht für qualifizierte Bauvorhaben bedeuten die Reökonomisierung und -demokratisierung von Planungsprozessen und eine Deregulierung im Bereich des Bauordnungsrechts.[129] Diese Entwicklung erschließt weitere Gestaltungsspielräume neben der pauschalierten Genehmigungsbefreiungen für Bauvorhaben in beplanten Bereichen,[130] sei es durch den Gebrauch städtebaulicher Verträge als Gestaltungsinstrumente[131] oder aber durch die politisch gewollte Initiierung von Public Private Partnerships bzw. Öffentlich-Privaten Partnerschaften,[132] die in den Vereinigten Staaten weit verbreitet sind.

Im Vergleich bietet das amerikanische Genehmigungsrecht als schnelles Verfahren erhebliche ökonomische Vorteile im Hinblick auf den Faktor Zeit. Die Erteilung notwendiger Baugenehmigungen beim Eigenheimbau erfolgt in einem Zeitraum von durchschnittlich zwei Wochen. Selbst bei genehmigungsbefreiten Vorhaben nach deutschem Landesrecht ist eine Wartefrist von einem Monat ab Bauvorlageneingang vorgesehen, soweit nicht eine Gemeinde von sich aus mitteilt, dass kein Genehmigungsverfahren durchgeführt werden soll (vgl. § 56 Abs. 3 Satz 3 und 4 Hessische Bauordnung) oder gar von finanzierender Seite ein zeitintensiveres Baugenehmigungsverfahren ausdrücklich gewünscht wird.[133]

Insgesamt lässt sich aber konstatieren, dass die jeweiligen Grundsätze Ähnlichkeiten aufweisen und prinzipiell vergleichbar sind, sieht man einmal von der starren Kaskade an Verfahrensschritten ab, die im deutschen Recht zur Auswei-

---

128 Problematisch ist dieser Begriff insoweit, als nach deutschem Recht eine Baugenehmigung private Rechte Dritter gerade nicht beeinträchtigt, vgl. § 63 Abs. 5 Hessische Bauordnung.
129 Kirsch, Schriften zur Immobilienökonomie, S. 331; vgl. Reichling, Effektivität in baurechtlichen Planungs- und Genehmigungsverfahren, S. 174 ff.
130 Vgl. § 56 Hessische Bauordnung sowie §§ 59 ff. der Musterbauordnung der Bauministerkonferenz vom November 2002, veröffentlicht unter: *http://www.is-argebau.de/lbo/VTMB100. pdf;* Stand 01.11.2009.
131 Wilke, Erschließungsverträge und Vergaberecht, in: ZfBR 2002, S. 231 ff.; Grziwotz, Städtebauliche Verträge und AGB-Recht, in: NVwZ 2002, S. 391 ff.; ders., Schuldrechtsmodernisierung und Gestaltung von Verträgen im öffentlichen Recht und Städtebaurecht, in: BauR 2001, S. 1839 ff.
132 Vgl. Kyrein, Baulandentwicklung und Baurealisierung in Public Private Partnership, Rn. 1 ff., 61 ff.
133 Vgl. hierzu etwa die bis zum 31.12.2010 verlängerte Wahlmöglichkeit gem. § 78 Abs. 10 HBO.

sung von Bauland einzuhalten ist. Zwar bestehen erhebliche Divergenzen allein innerhalb des amerikanischen Rechts insgesamt, die Grundzüge sind indes ähnlich. Es sind die unabhängigen kommunalen Entscheidungen und Kompetenzen, die den allgemeinen Vorgaben Gestalt verleihen und wesentlichen Einfluss auf die konkrete Entwicklung von Bauland und die faktische Gestalt der Baugebiete haben. Nach beiden Rechtsordnungen haben die zugehörigen Maßnahmen, wenn auch in unterschiedlicher Intensität, hoheitlichen Charakter.

Die für eine Genehmigung beizubringenden Unterlagen weisen Überschneidungen auf, Umfang und Form sind jedoch der jeweiligen Prüfungsintensität geschuldet, die zwischen den U.S.A. und Deutschland erheblich divergiert.

VI. Zwischenergebnis

Gravierende unterschiedliche Ausgangsvoraussetzungen und Umstände, die kausal für eine völlig unterschiedliche Entwicklung und Ausgestaltung des Bauvertragsrechts sein könnten, sind aus dem bisherigen Untersuchungsverlauf im amerikanischen und deutschen Recht nicht zu erkennen. Allein die verschiedenen Rechtskulturen und Rahmenbedingungen bieten keine hinreichenden Begründungen für eine grundsätzlich unterschiedliche rechtliche Behandlung der Planung und Ausführung bei Einzelbauprojekten. Gegeben ist damit auch eine tragfähige Basis für die vergleichende Betrachtung von juristischer und ökonomischer Theorie und Praxis der darüber hinausgehenden Bauleistungspakete. Anders formuliert: Falls im weiteren Gang der Untersuchung in der Theorie und Praxis zu Planung, Ausführung und Vertragspaketen im amerikanischen und deutschen Baurecht eine erhebliche Asymmetrie festzustellen ist, dürfte dies allein mit Unterschieden in der jeweiligen vertraglichen Konzeption selbst sowie den zugrundeliegenden rechtlichen und ökonomischen Prinzipien zu erklären sein.

B. Traditionelle Vertragstypen zu Planung und Ausführung

Mit Ausnahme der Betätigung in eigenen Angelegenheiten werden in Zusammenhang mit Bauprojekten sämtliche Arbeiten innerhalb eines vertraglichen Rahmens i. e. S. vollzogen.[134] Dies mag für den amerikanischen wie deutschen Juristen eine Binsenweisheit sein, verdeutlicht jedoch die ökonomische Bedeutung eines verlässlichen Vertragsrechts für Bauprojekte und die Baubranche insgesamt.[135] Angesichts der vielfachen Gestaltungsmöglichkeiten im amerikanischen und deutschen Recht stellt sich mithin die Frage, welche Grundmuster innerhalb welcher Bedingungsgeflechte zu beobachten sind.

Das gängigste Vertragskonzept für Bauvorhaben im privaten Wohnungsbau ist im amerikanischen Baurecht die Traditional Method als „unvollkommen" trianguläre Konzeption.[136] Ein Bauherr kontrahiert mit einem Architekten und – zumeist nachfolgend – einem Werkunternehmer, wobei vertragliche Beziehungen je nur zur Bauherrnschaft bestehen. Insoweit besteht kein Unterschied zur klassischen Form des Bauens bei Einzelobjekten in der Bundesrepublik unter Einsatz eines Architekten und nachgeschalteter einzelner Bauverträge mit Bauunternehmern bzw. Handwerkern.[137] Auch hier „verträgt" sich der Auftraggeber mit dem Architekten auf der einen und dem Auftragnehmer für Bauleistungen auf der anderen Seite. Direkte vertragliche Beziehungen zwischen Architekt und Auftragnehmer(n) bestehen dagegen nicht. Unter dem Begriff Bauvertragsrecht sollen deshalb im Kontext dieser Untersuchung nach einem erweiterten Verständnis sowohl die Verträge zur Planung als auch zur Ausführung mit ihren zugrunde liegenden Rechtsbeziehungen gefasst werden, seien es Architektenverträge oder Bauverträge im engeren Sinne.

Daneben sind im amerikanischen Bauvertragsrecht eine Reihe an weiteren Vertragsstrukturen für die Verwirklichung von Bauvorhaben vorzufinden, die sich im anglo-amerikanischen Rechtskreis insgesamt – und teilweise darüber hinaus – einer wachsenden Beliebtheit erfreuen. Zu diesen weiteren Konzepten gehören nicht nur die auch hierzulande diskutierten Construction Management-, Part-

---

134 Collier, Construction Contracts, S. 3.
135 Roquette/Otto-Otto, Vertragsbuch Privates Baurecht, C. I Rn. 1, A I Rn. 58; Vgl. Kniffka, Anspruch und Wirklichkeit des Bauprozesses, NZBau 2000, S. 3.
136 Twomey, Understanding the Legal Aspects of Design/Build, S. 4.
137 Kniffka/Koeble, Kompendium des Baurechts, 11. Teil Rn. 2 f.

nering- sowie kooperativen Modelle und Developer–Strukturen.[138] Vielmehr interessieren die im Fokus der Untersuchung stehenden Package-Deal-Vertragsstrukturen.

Um Unterschiede und Fragen zur hergebrachten Gestaltung rechtsvergleichend herauszuarbeiten und kritisch würdigen zu können, bedarf es allerdings in der Konsequenz zunächst der Untersuchung des amerikanischen und deutschen Bauvertragsrechts im Hinblick auf den allgemeinen Unterbau, gewissermaßen als Abgrenzungsposten.

Diese Gegenüberstellung kann, dem Focus der Untersuchung folgend, nur die wesentlichen Grundzüge und ausgewählte Einzelfragen des amerikanischen und deutschen Bauvertragsrechts betreffen. Dies vorangestellt, wird insofern auf die allgemeinen Darstellungen des amerikanischen und deutschen Vertrags- und Bauvertragsrechts verwiesen.

I. Entstehung und Entwicklung der klassischen Bau- und Architektenverträge

Bis zum späten Mittelalter lagen Planung und Ausführung von Bauvorhaben in den Händen eines einzigen beauftragten „Baumeisters". Eine erste Phase der Separation von Planung und Ausführung vollzog sich jedoch mit der zunehmenden Komplexität von Bauvorhaben in der Renaissance.[139] Die endgültige funktionale als auch rechtliche Trennung der Planung von Bauwerken und deren Erstellung lässt sich erst im 19. Jahrhundert also parallel zur industriellen Revolution in West- und Mitteleuropa und somit ebenso in U.S.A. beobachten.[140] Fortan wurde die Planung vornehmlich an einen entsprechenden Architekten, die Ausführung an Bauhandwerker übertragen. Denn mit der fortschreitenden Industrialisierung ist gleichermaßen die zunehmende Spezialisierung von Handwerksberufen im Allgemeinen verbunden.[141]

Diese neuzeitliche Gestaltung hat sich grundsätzlich nicht nur in den U.S.A., sondern auch im deutschen Rechtskreis als *das* klassische Vertragsgebilde überhaupt manifestiert.[142] Sie gilt bis heute allgemein als gebräuchliche Vorgehensweise bei der Verwirklichung von Bauprojekten, im anglo-amerikanischen

---

138 Zu den Einzelheiten der Professional Construction Management Method: Hinze, Construction Contracts, S. 16 f.; Sweet, Legal Aspects of Architecture, Engineering, and the Construction Process, S. 322 ff.
139 Twomey, Understanding the Legal Aspects of Design/Build, S. 4.
140 Twomey, Understanding the Legal Aspects of Design/Build, S. 4.
141 Vgl. Twomey, Understanding the Legal Aspects of Design/Build, S. 103 f.
142 Kniffka/Koeble, Kompendium des Baurechts, 11. Teil Rn. 2 f.

Rechtskreis geprägt durch Begriffe wie Traditional Method oder Traditional System.[143]

Im deutschen Recht entspricht diese Praxis exakt der traditionellen Konzeption des amerikanischen Rechts. Danach geht ein Bauherr mindestens zwei separate Vertragsbeziehungen ein, mit einem professionellen Planer einerseits und einem oder mehreren Bauhandwerkern für die Ausführung der verschiedenen Gewerke andererseits. Im amerikanischen Recht besteht hier allerdings die Besonderheit, dass die jeweiligen Verträge aufgrund der Privity of Contract Rules (anders als bei der vertraglichen Schutzwirkung zugunsten Dritter im deutschen Recht) grundsätzlich keinerlei Rechte und Pflichten oder Schutzwirkungen für Dritte oder das jeweils andere Vertragsverhältnis entfalten.[144] Denn diese starre Regel wurde seit den Zwanziger Jahren des vergangenen Jahrhunderts bislang lediglich partiell durch einige Entscheidungen amerikanischer Gerichte aufgeweicht.[145]

Im deutschen Recht hat der Bauvertrag lange Zeit eine duale Ausprägung erfahren. Er wurde in der Praxis entweder als Werkvertrag im Sinne der §§ 631 ff. BGB abgeschlossen oder basierend auf der VOB/B als allgemeinen Geschäftsbedingungen wurde ein VOB-Werkvertrag vereinbart. Denn die §§ 631 ff. BGB allein werden nach weit verbreiteter Ansicht weder der bauvertraglichen Gestaltungsvielfalt noch den zahlreichen Sondersituationen im Baugeschehen gerecht.[146] Zudem basieren die Vorschriften des BGB-Werkvertragsrechts historisch auf der Annahme gleichberechtigter und gleichwertiger Vertragspartner, die im Wege individueller Vereinbarungen ausgewogene Vereinbarungen treffen.[147] In der Praxis wurde die Lücke an bauvertraglichen BGB-Regelungen im gewerblichen wie privaten Bereich durch die Verwendung der VOB/B insgesamt oder von einzelnen Klauseln kompensiert. Im Gegensatz zur heutigen Praxis waren hier lange Zeit Individualvereinbarungen sogar eher selten anzutreffen, obwohl regelmäßig eine der Vertragsparteien eine wirtschaftlich und intellektuell überlegene Stellung innehat.[148]

Einen amerikanischen Sonderweg im Bauvertragsrecht gibt es aus vergleichender Perspektive nicht. Es ist festzuhalten, dass das amerikanische Bauver-

---

143 Twomey, Understanding the Legal Aspects of Design/Build, S. 4.
144 Collier, Construction Contracts, S. 3, 35; Twomey, Understanding the Legal Aspects of Design/Build, S. 104 f.
145 Vgl. MacPherson v. Buick Motor Company, 217 N.Y. 382, 111 N.E. 1050 (1916); Twomey, Understanding the Legal Aspects of Design/Build, S. 105; anders inzwischen etwa im englischen Recht durch den Rights of Third Parties Act.
146 Leineweber, Handbuch des Bauvertragsrechts, Rn. 189.
147 Schmidt/Reitz, Bauverträge erfolgreich gestalten und managen, S. 1.
148 Schmidt/Reitz, Bauverträge erfolgreich gestalten und managen, S. 4, 1.

tragsrecht insgesamt und die bauvertraglichen Grundstrukturen ihren rechtsgeschichtlichen Ursprung im europäischen und kontinentaleuropäischen Recht haben. Sie haben sich prinzipiell auch gleichlaufend weiter entwickelt, so der einhellige Tenor in der anglo-amerikanischen Rechtsliteratur. Synchron sind innerhalb des amerikanischen Rechts auch die Verträge für die Planung und Ausführung von Bauleistungen fortgeschrieben worden.

II. Die Rechtsnatur von Bau- und Architektenverträgen

Aus vergleichender Sicht ist bemerkenswert, dass Planungsverträge im deutschen Recht eine gewisse Sonderstellung einnehmen, obwohl Bau- und Architektenverträge ihrer Rechtsnatur nach keine Verträge sui generis, sondern regelmäßig als Werkverträge im Sinne der §§ 631 ff. BGB einzuordnen sind.[149] Die Unterscheidung beruht auch nicht auf dem Umstand, dass der Werkerfolg der Planung in gewisser Weise von virtueller Natur ist, manifestiert in den körperlichen Planungsunterlagen. Die Sonderstellung resultiert vielmehr daraus, dass der Vertragspreis trotz Gestaltungsspielräumen dem obligatorischen dem Recht der Honorarordnung für Architekten und Ingenieure (HOAI) unterfällt und damit die Vertragsfreiheit in einem wesentlichen Punkt eingeschränkt ist.[150]

Im amerikanischen Recht hingegen besteht nicht nur eine einheitliche Einordnung als Service Contracts, mit einer lediglich begrifflichen Differenzierung des jeweiligen Leistungsgegenstandes in Design oder Construction, sondern es existieren abgesehen von den divergierenden technisch-sachlichen Regelungszusammenhängen grundsätzlich keine Unterschiede in der rechtlichen Behandlung.[151] Durch die prinzipielle Einordnung von Construction Contracts als „Serviceverträge" über die geplante Verbindung von Baumaterialien und -komponenten zur Errichtung eines Bauwerkes kommt Kaufrecht – wie bereits angerissen – folglich nicht direkt zur Anwendung.[152] Indem im amerikanischen Recht unabhängig vom Vertragstypus über die Regeln von Breach of Contract aber ohnehin zumeist eine einheitliche Rechtsfolgenseite besteht, ist eine solche Klassifizierung zumeist von untergeordneter Bedeutung.

Demgegenüber spielt im deutschen Recht die Einordnung eines Vertrages in die Systematik von Werk-, Dienst- oder Kaufvertrag bereits für die Wahl der richtigen Anspruchsgrundlagen eine bedeutende Rolle, da die Voraussetzungen

---

149 BGH, NJW 1982, S. 438, 439.
150 BGH, NJW 1997, S. 2329, 2330; Roquette/Otto-Höß, Vertragsbuch privates Baurecht, B. II. Rn. 2.
151 Vgl. Collier, Construction Contract, S. 23 f., 31 ff.
152 Collier, Construction Contracts, S. 24.

und Rechtsfolgen je nach Vertragstypus divergieren können, mögen auch die Unterschiede durch die Schuldrechtsreform, etwa bei der Haftung für Mängel bei Kauf- oder Werkvertrag, geringer geworden sein.

Bauverträge sind nach deutschem Recht Verträge über die Errichtung von Bauwerken – hier insbesondere Eigenheimen, das heißt privat geschaffener Wohnraum für den Familienverbund bzw. vergleichbare Lebenskonzepte. Ein Bauwerk ist definiert als unbewegliche, durch Verwendung von Arbeit und Material in Verbindung mit dem Erdboden hergestellte Sache.[153] Weiterhin ist von einem Werkvertrag auszugehen, wenn durch die zu erbringende Leistung ein körperlicher oder geistiger Erfolg geschuldet wird.[154] Durch den geschuldeten Leistungserfolg eines mangelfreien Bauwerkes als Ergebnis des Herstellungsprozesses sind Bauverträge folglich regelmäßig als Werkverträge gem. § 631 Abs. 1 BGB einzuordnen.[155] Ein Bau- bzw. Werkvertrag im Sinne eines sogenannten Werklieferungsvertrages liegt demgegenüber vor, wenn sich der Bauunternehmer gem. § 651 Abs. 1 S. 1 BGB verpflichtet, ein Bauwerk aus einem von ihm zu beschaffenden Stoff herzustellen, und es sich bei diesen um Zutaten oder sonstige Nebensachen im Sinne des § 651 Abs. 2 BGB handelt.[156] In Abgrenzung dazu besteht bei Verträgen zur (Neu-)Herstellung von Bauwerken selbst zumeist kein Werklieferungsvertrag im Sinne von § 651 Abs. 1 BGB.[157] Selbst bei Lieferung beweglicher vorgefertigter Bauelemente mit Besitz- sowie Eigentumsverschaffung ist auf Seiten des Bestellers regelmäßig der Leistungsschwerpunkt in der zugehörigen Montage zu sehen.[158]

Sofern allerdings bei einem Bauvorhaben der Bauherr ein zu bearbeitendes Gebäude zur Verfügung stellt und der Bauunternehmer die zur Ausführung benötigten Stoffe oder Bauteile besorgt, werden diese durch den Einbau regelmäßig gem. §§ 946, 93, 94 BGB wesentliche Bestandteile des Grundstücks bzw. Gebäudes. Sie verlieren ihre rechtliche Selbstständigkeit und sind daher als Zutaten oder sonstige Nebensachen im Sinne des § 651 Abs. 2 BGB anzusehen, so dass von einem Werklieferungsvertrag auszugehen ist.[159]

---

153 st. Rspr., BGH, BauR 1986, S. 437, 439 f.
154 Maser, Baurecht nach BGB und VOB/B, II.4.1
155 Messerschmidt/Voit-Messerschmidt, Privates Baurecht, Teil 1 B Rn. 15.
156 MüKo-Busche, BGB, § 651 Rn. 7.
157 Bamberger/Roth-Voit, BGB, § 651 Rn. 3, 8, 12, jew. m. w. N.; Voit, Die Änderungen des allgemeinen Teils des Schuldrechts durch das Schuldrechtsmodernisierungsgesetz und ihre Auswirkungen auf das Werkvertragsrecht, in: BauR 2002, S. 145, 146 f.
158 Staudinger-Peters, § 651 Rn. 13; Leupertz, Baustofflieferung und Baustoffhandel, Im juristischen Niemandsland, in: BauR 2006, S. 1648, 1649 f.
159 MüKo-Busche, BGB, § 651 Rn. 10.

Praktische Relevanz erlangt die Abgrenzung zwischen Werk- und Werklieferungsvertrag hinsichtlich der Vorschriften über Sicherungsmittel für den Vergütungsanspruch des Auftragnehmers gem. §§ 648, 648a BGB, die auf den Werklieferungsvertrag keine Anwendung finden.[160]

Aus vergleichender Perspektive wird hiermit allerdings deutlich, dass der Begriff Service Contract im amerikanischen Recht, der wörtlich mit „Dienstvertrag" zu übersetzen wäre, inhaltlich und funktional dem Werkvertrag und der Beziehung zwischen Besteller und Unternehmer nach deutschem Recht gem. § 631 BGB näher steht als dem Dienstvertrag i.S. v. § 611 BGB. Ferner ist im amerikanischen Recht vertraglich die Herstellung eines Bauwerkes und damit wie im deutschen Recht ein Erfolg geschuldet bzw. garantiert und nicht in erster Linie eine nach Zeitabschnitten fällige Vergütung wie bei einem Dienstverpflichteten nach § 614 Satz 2 BGB. Weiterhin wird etwa der Vergütungsanspruch des Unternehmers erst mit wesentlicher Fertigstellung des Werkes (doctrine of substantial completion) fällig, was wiederum der Abnahme im deutschen Recht gem. § 640 Abs. 1 Satz 1 BGB ähnelt.[161]

III. Die allgemeine vertragliche Gestaltung von Bauverträgen

Nach allgemeiner Ansicht repräsentiert das amerikanische Bauvertragsrecht (construction contract law) mustergültig die allgemeinen Prinzipien von Verträgen nach amerikanischem Recht. Die zugrunde liegenden bedeutenden „Principles" werden daher auch im Bauvertragsrecht vor allem für die Frage der Durchsetzbarkeit von Erklärungen und die Bestimmung des konkreten Umfangs der betreffenden Erklärung herangezogen.[162]

Weit auseinander gehen hierzu die Ansichten zum deutschen Bauvertragsrecht. Wie dargelegt sind Verträge über die Errichtung von Bauwerken zwar im Allgemeinen regelmäßig als Werkverträge i.S.v. § 631 Abs. 1 BGB anzusehen. Die überwiegenden Stimmen in der Literatur bemängeln aber, dass das deutsche Bauvertragsrecht in der Gestalt des gesetzlichen Werkvertragsrechts nicht den heutigen Gegebenheiten entspricht.[163] Dennoch hat der Gesetzgeber von Empfehlung des Bundesrats eines gesetzlichen Bauvertragsrechts anlässlich des Gesetzes zur Beschleunigung fälliger Zahlungen bislang keinen Gebrauch ge-

---

160 Zerhusen, Privates Baurecht, Rn. 805; Palandt-Sprau, BGB § 651 Rn. 1.
161 Hök, Handbuch des internationalen und ausländischen Baurechts, § 42 Rn. 1.
162 Bockrath, Contracts and the Legal Environment for Engineers and Architects, S. 103; vgl. Collier, Construction Contracts, S. 5 ff.; vgl. Samuels, Construction Law, S. 4.
163 Messerschmidt/Voit-Voit, Privates Baurecht, Teil 1 A Rn. 5 ff.

macht.¹⁶⁴ Die Forderungen aus Wissenschaft und Praxis greifen bislang ebenfalls nicht durch.¹⁶⁵ Andere Stimmen sind angesichts der bislang verbreiteten Anwendung der VOB/B und Klärung zahlreicher damit in Verbindung stehender Rechtsfragen durch die Rechtsprechung zurückhaltender.¹⁶⁶ Gleichwohl gelten auch für Bauverträge nach deutschem Recht die Grundsätze des allgemeinen Vertragsrechts.¹⁶⁷

1. Die Begründung von Bauverträgen

Ein Bauvertrag nach amerikanischem Recht kommt als Übereinkommen zwischen zwei oder mehr Parteien durch übereinstimmende Willenserklärungen in Form von Angebot und Annahme über die essentialia eines Bauvertrages zustande.¹⁶⁸ Nichts anderes gilt im deutschen Recht mit der inhaltsgleichen Annahme eines Angebotes gem. §§ 145 ff. BGB.¹⁶⁹ Dabei ist die in den Vereinigten Staaten geltende Objective Theory of Contracts im Wesentlichen vergleichbar mit der Auslegung von Willenserklärungen nach dem objektiven Empfängerhorizont im deutschen Recht.¹⁷⁰

Als besondere Ausprägungsform von Angebot und Annahme besteht nach beiden Rechtsordnungen die Möglichkeit der Ausschreibung einer Leistung, d.h. einer öffentlichen Aufforderung für eine bestimmte Leistung ein Angebot abzugeben oder der Vertragsvergabe mittels Bieterverfahren und Zuschlagserteilung.¹⁷¹

---

164 Bundesrat, Drucksache 108/1/00 vom 02.03.2000, S. 2.; vgl. bereits Bundesministerium der Justiz, Abschlußbericht der Kommission zur Überarbeitung des Schuldrechts, S. 243 ff.
165 Diskussionsbeiträge hierzu: Institut für Baurecht Freiburg i.Br. e.V., NZBau 2001, S. 183; vgl. Kraus/Vygen/Oppler, Ergänzungsentwurf zum Entwurf eines Gesetzes zur Beschleunigung fälliger Zahlungen, in: BauR 1999, S. 964; Kraus, Baurechtlicher Ergänzungsentwurf zum Schuldrechtsmodernisierungsgesetz des Instituts für Baurecht Freiburg e.V. (IfBF), in: ZfBR 2000, S. 513; Peters, Das Baurecht im modernisierten Schuldrecht, in: NZBau 2002, S. 113, 120.
166 Peters, Stellungnahme zum Fragebogen des Bundesministeriums der Justiz, in: NZBau 2005, S. 270, 273; Roquette/Otto-Otto, Vertragsbuch Privates Baurecht, A. II Rn. 34 ff., 37.
167 Palandt-Sprau, Einf. v. § 631, Rn. 2 f.; zu Einzelheiten vgl. Zerhusen, Privates Baurecht, Rn. 804 ff.
168 Collier, Construction Contracts, S. 5 f.; Twomey, Understanding the Legal Aspects of Design/Build, S. 106; Hök, Handbuch des internationalen und ausländischen Baurechts, § 42 Rn. 24.
169 Müko-Busche, § 631 Rn. 48 f.; zu den essentialia negotii im deutschen Recht vgl. Zerhusen, Privates Baurecht, Rn. 834 f.; Kleine-Möller, Handbuch des Privaten Baurechts, § 6 Rn. 40.
170 Hök, Handbuch des internationalen und ausländischen Baurechts, § 42 Rn. 9.
171 Vgl. Collier, Construction Contracts, S. 7; Hök, Handbuch des internationalen und ausländischen Baurechts, § 42 Rn. 10 ff. m. w. N.

Im deutschen Recht kann dies etwa auch nach Maßgabe der Vorschriften der VOB/A geschehen. Diese Regeln für eine Vergabe beziehen sich zwar grundsätzlich auf öffentlich-rechtliche Auftraggeber, finden aber auch für Private Anwendung, etwa wenn sich Auftraggeber gegenüber Bietern eindeutig und zweifelsfrei zur Einhaltung der VOB/A verpflichten.[172]

Wesentliche Bedeutung zur rechtswirksamen Begründung von Leistungsversprechen kommt im anglo-amerikanischen Vertragsrecht insgesamt und damit auch im Bauvertragsrecht der Consideration-Lehre zu.[173] Danach können rechtsverbindliche Verpflichtungen vertraglich generell nur begründet werden, indem sich die Vertragsparteien jeweils zu einer Leistung aufgrund des Gegenversprechens eines Gegenopfers bzw. einer Gegenleistung (consideration) verpflichten und damit insgesamt die Basis für ein rechtlich einklagbares Versprechen begründen.[174] Für den Bereich des Bauvertragsrechts ist dieser wesentliche Unterschied zum deutschen Recht zumeist von akademischer Relevanz. Denn auch im deutschen Recht sind die grundlegenden Leistungsverpflichtungen bei Bauverträgen regelmäßig an das Versprechen des Bauherrn zur Zahlung des Vertragspreises geknüpft. Somit besteht zwischen Ausführung der Arbeiten und Zahlung ein der Consideration-Lehre vergleichbares Gegenseitigkeitsverhältnis.[175]

2. Wirksamkeit und Durchsetzbarkeit

Formell verlangen nicht alle, aber viele amerikanische Bundesstaaten gesetzlich die Schriftform für Bauverträge.[176] Der Vertragsschluss im deutschen Bauvertragsrecht kann demgegenüber – auch bei Verbrauchern – wahlweise in schriftlicher oder mündlicher Form oder aber konkludent erfolgen.[177] Besonderheiten und Formzwang gem. § 313 BGB bestehen allenfalls, wenn ein Bauvertrag und der Erwerb des zu bebauenden Grundstücks eine rechtliche Einheit bilden.[178] Eine rechtliche Einheit ist dabei regelmäßig anzunehmen, wenn die Vereinbarungen

---

172 Ingenstau/Korbion-Vygen, VOB, Einleitung Rn. 32; vgl. BGH, BauR 1992, S. 221, 221 f.
173 Collier, Construction Contracts, S. 9; im Einzelnen dazu: Hök, Handbuch des internationalen und ausländischen Baurechts, § 42 Rn. 18 ff.
174 Mc Govern v. City of New York 234 N.Y. 377, 138 N.E: 26 (1923); Samuels, Construction Law, S. 13 f.; Halpin/Woodhead, Construction Management, S. 61.
175 Vgl. Zweigert/Kötz, Einführung in die Rechtsvergleichung, S. 392 f.
176 Collier, Construction Contracts, S. 11; vgl. auch Hök, Handbuch des internationalen und ausländischen Baurechts, § 42 Rn. 23; Samuels, Construction Law, S. 4, 12; vgl. Hinze, Construction Contracts, S. 282 f.
177 Leineweber, Handbuch des Bauvertragsrechts, Rn. 192; Messerschmidt/Voit-von Rinteln, Privates Baurecht, Teil. 2 § 631 Rn. 32.
178 Leineweber, Handbuch des Bauvertragsrechts, Rn. 337 ff.

über Grundstückserwerb und Bebauung nach dem Willen der Beteiligten derart voneinander abhängig sind, dass sie miteinander „stehen und fallen" sollen.[179]

Kann erst einmal von der Annahme eines inhaltsgleichen Angebotes ausgegangen werden, wird ein Bauvertrag von amerikanischen Gerichten entsprechend den allgemeinen Grundsätzen im amerikanischen Contract Law nur in eng umgrenzten Umständen für unwirksam oder undurchsetzbar erklärt, etwa bei bestimmten Irrtumstatbeständen (mistake), falschen Angaben (misrepresentation), Zwang (duress), Bewusstseinsstörungen (unconscionability), Vertragsvereitelung (frustration), Unmöglichkeit (impossibility) oder Verträgen mit widerrechtlichem Vertragsinhalt (unlaw ful subject matter). Sie hängen zumeist von der Frage ab, ob ein Irrtum oder Verstoß von der jeweils anderen Partei veranlasst wurde.[180]

Das deutsche Recht sieht in diesem Zusammenhang eine systematische Überprüfung vor. So ist zu klären, ob in den genannten Fallkonstellationen Verstöße gegen zwingende Formvorschriften gem. § 125 BGB, gegen gesetzliche Verbote im Sinne von § 134 BGB (z. B. bei Schwarzarbeit, Ohne-Rechnung-Abrede, Koppelungsverbot, Verstoß gegen § 12 MaBV) oder aufgrund der Sittenwidrigkeit von Rechtsgeschäften gem. § 138 Abs. 1 BGB (z. B. Vereinbarung zu niedrigen Werklohns, Schmiergeldabrede) vorliegen. Danach steht fest, ob ein nichtiger Vertrag vorliegt oder dieser jedenfalls aufgrund eines beachtlichen Irrtums oder einer Täuschungshandlung gem. §§ 119 Abs. 1, 123 Abs. 1 BGB angefochten werden kann, wozu es allerdings einer entsprechenden Erklärung bedarf.[181] Die Voraussetzungen für eine Irrtumsanfechtung beruhen dabei auf der von Savigny entwickelten Unterscheidung des unbeachtlichen Motiv- zu Erklärungs- und Inhaltsirrtümern.[182]

Es werden in den beiden Rechtsordnungen folglich unterschiedliche Gesichtspunkte und Mechanismen (wie etwa das Erfordernis einer Anfechtungserklärung) im Hinblick auf die Bindungswirkung von Verträgen und Bauverträgen verwendet. Gleichwohl besteht insoweit ein allgemeines Verständnis, dass Erklärungen unter den genannten und – wie oben zu erkennen – ähnlichen tatsächlichen Umständen rechtlich trotz des imperativen „pacta sunt servanda" nicht bindend sind. Dies gilt jedenfalls, soweit die Umstände der Risikosphäre der jeweils anderen Partei zuzuordnen sind und ein entsprechendes Vertrauen in die Vertragsdurchführung nicht gerechtfertigt ist.[183]

---

179 BGHZ 78, S. 346, 349; Elsner, Bauverträge gestalten, Rn. 194.
180 Samuels, Construction Law, S. 16 ff.; vgl.Richmond Company, Inc. v. Rock-A-Way, Inc. (404 So.2d 121); Hinze, Construction Contracts, S. 25; vgl. Zweigert/Kötz, Einführung in die Rechtsvergleichung, S. 415.
181 Im Einzelnen: Messerschmidt/Voit-von Rintelen, Privates Baurecht, Teil 2 § 631 Rn. 41 ff.
182 Zweigert/Kötz, Einführung in die Rechtsvergleichung, S. 409.
183 Vgl. Zweigert/Kötz, Einführung in die Rechtsvergleichung, S. 419 f.

3. Vertragsergänzung und -auslegung

Häufig bewegen sich Bauverträge wie erläutert im Schnittstellenbereich der technischen Definition zu erbringender Leistungen als Leistungssoll und der angemessenen rechtlichen Umsetzung in korrelierende Rechte und Leistungspflichten. Überall dort, wo sich diese nicht unmittelbar aus den Erklärungen der Parteien ergeben, erlangt die Ermittlung des jeweils konkreten Vertragsinhalts eminente Bedeutung. Die Rechtsfiguren, die sich in den beiden Rechtsordnungen hierfür herausgebildet haben, weisen allerdings beträchtliche Unterschiede auf.

Im amerikanischen Recht kommt bei schriftlichen Bauverträgen die Parol Evidence Rule zur Anwendung. Sie ist im Gegensatz zu ihrer wörtlichen Übersetzung keine Regel des Beweis-, sondern des allgemeinen materiellen Vertragsrechts, nach der zu ermitteln ist, inwieweit schriftliche Verträge durch vorhergehende Vereinbarungen oder mündliche Nebenabreden ergänzt werden können. Danach dürfen solche Vereinbarungen weder ergänzend noch widersprechend herangezogen werden, wenn die Parteien eine vollständige und endgültige Festlegung ihrer Vereinbarung durch den Vertragstext erklärt haben. Das kann mittels einer in Vertragsmustern häufig anzutreffenden Integration- oder Merger-Clause geschehen, abgesehen von Fällen betrügerischen Missbrauchs oder Nötigung.[184] Allerdings ist teilweise umstritten, inwieweit solche Standardklauseln ohne Bezug auf den jeweiligen Einzelfall von Gerichten anerkannt werden.[185]

Das amerikanische Recht bietet aber auch Möglichkeiten für die Auslegung von Verträgen, insbesondere durch das Rechtsinstitut der Implied Terms.[186] Die Möglichkeiten der Ermittlung des tatsächlichen Willens bei schriftlichen Verträgen seitens amerikanischer Gerichte sind bei prozessbefangenen Streitigkeiten allerdings limitiert.[187]

So ist hier von besonderer Bedeutung, dass die Vertragsdokumente in sich möglichst abgeschlossene und vollständige Regelungswerke darstellen. Sie müssen die spezifischen Baumerkmale, die Pläne und Zeichnungen, die einzelnen Vertragsklauseln und Pflichten detailliert wiedergeben und das Erfüllungsverlangen der jeweiligen Partei hinreichend absichern.[188] Zum Zwecke solcher Klarstellungen wird – wie im amerikanischen Vertragsrecht generell – auch bei Bau-

---

184 Hök, Handbuch des internationalen und ausländischen Baurechts, § 42 Rn. 16 f.
185 Hök, Handbuch des internationalen und ausländischen Baurechts, § 42 Rn. 17 m. w. N.
186 Hök, Handbuch des internationalen und ausländischen Baurechts, § 42 Rn. 25.
187 Zweigert/Kötz, Einführung in die Rechtsvergleichung, S. 403.
188 Bockrath, Contracts and the Legal Environment for Engineers and Architects, S. 103.

verträgen empfohlen, die jeweiligen spezifischen Begrifflichkeiten am Anfang der Dokumentation entsprechend zu definieren.[189]

Im deutschen Recht sind Verträge und auch Bauverträge sowie die enthaltenen Erklärungen der Vertragsparteien generell der Auslegung des Bedeutungsgehaltes oder Schließung von Vertragslücken nach den abstrakt-generellen Regeln des allgemeinen Schuldrechts zugänglich. Denn unabhängig von dem im deutschen Recht kritisierten Widerspruch zwischen Willensdogma und Erklärungstheorie[190] postuliert § 133 BGB als subjektives Element die Erforschung des „wirklichen Willens", gem. § 157 BGB „nach Treu und Glauben mit Rücksicht auf die Verkehrssitte" als objektivem Maßstab.[191] Allerdings begegnet man auch im deutschen Recht einer mithin unsicheren Rechtslage, wenn Vertragsergänzungen – insbesondere bei Verbraucherverträgen – standardmäßig von der Einhaltung der Schriftform abhängig gemacht werden.[192]

Dies führt aus vergleichender Perspektive zu der Feststellung, dass Erklärungen nach beiden Rechtsordnungen im Bemühen um objektive Maßstäbe für das subjektiv von den Parteien Gewollte auslegungsfähig sind, allerdings mit quantitativ erheblichen Unterschieden. In der Rechtspraxis äußert sich dies allerdings – soweit ersichtlich – weniger in qualitativ unterschiedlichen Rechtsfolgen, als in den formalen Herangehensweisen. Somit steht bei schriftlichen Erklärungen stets das Instrumentarium der abstrakt generellen gesetzlichen Auslegungsprinzipien zur Verfügung, während die inhaltliche Vollständigkeit im amerikanischen Vertragsrecht für das einzelne Vertragswerk möglichst „erschaffen" werden muss, soweit nicht auf die Grundsätze der Implied Terms zurückgegriffen werden kann. Vor diesem Hintergrund sowie der amerikanischen einzelstaatlichen Rechtszersplitterung ist auch die für einen deutschen Juristen zuweilen als ausufernd empfundene anglo-amerikanische Vertragspraxis zu erklären, indem die Parteien dazu angehalten sind, diszipliniert darauf zu achten, dass ein Vertragsdokument den wahren Willen wiedergibt und mögliche alternative Szenarien abdeckt.[193]

4. Pflichtenverteilung in den klassischen Konzepten

Im amerikanischen Traditional System of Construction Contracts und bei den klassischen Konstellationen im deutschen Recht bestehen unvollkommen trian-

---

189 Vgl. Bockrath, Contracts and the Legal Environment for Engineers and Architects, S. 103 f. mit prakt. Beispielen.
190 Zweigert/Kötz, Einführung in die Rechtsvergleichung, S. 399.
191 Vgl. Zweigert/Kötz, Einführung in die Rechtsvergleichung, S. 399.
192 Vgl. Kniffka/Koeble, Kompendium des Baurechts, 5. Teil Rn. 116 f. m. w. N.
193 Vgl. Hök, Handbuch des internationalen und ausländischen Baurechts, § 42 Rn. 17.

guläre Vertragsbeziehungen zwischen Owner bzw. Bauherrn und Planer auf dem einen Leistungsschenkel und dem Contractor/Bauunternehmer auf der anderen Seite. Zwischen Planer und Bauunternehmer bestehen keine direkt vertraglichen Beziehungen. Dies hat für die eingangs genannten Akteure des Baugeschehens im Hinblick auf die Pflichten und Risiken Konsequenzen, die sich in einem Überblick wie folgt darstellen:

a) Pflichten des Bauherrn

Im amerikanischen Bauvertragsrecht unterliegt die Pflichtenverteilung der Vertragspartner wie dargelegt überwiegend der Privatautonomie. Während Verpflichtungen von Planern und Werkunternehmern in amerikanischen Bauverträgen detailliert festgehalten werden, ist wesentliche Vertragspflicht des Owners die Zahlung des vertraglich vereinbarten Preises für die jeweils empfangenen Planungs- oder Ausführungsleistungen. Deren Fixierung ist in der Vertragspraxis – abgesehen von bestimmten Zahlungsmodalitäten – auf ein Minimum beschränkt.[194]

Der Zahlungspflicht sind die weiteren Pflichten des Owners im Sinne von Nebenpflichten untergeordnet.[195] Das gilt etwa für die Nebenpflichten, innerhalb der rechtlich selbstständigen Beziehungen zu Planer und Bauunternehmer, die jeweils notwendigen Informationen der einen Vertragspartei vollständig und richtig an die andere zu übermitteln. Davon umfasst werden regelmäßig weitere Pflichten der Kooperation mit dem jeweiligen Vertragspartner, etwa dem Bauunternehmer brauchbare Pläne und technische Spezifikationen zur Verfügung zu stellen, angemessenen Zugang zum Bauplatz zu ermöglichen oder die Verpflichtung, den Unternehmer mit den notwendigen Informationen zu versorgen.

Besondere Bedeutung erlangt hier die Anforderung, dass die zu liefernden Pläne und Beschreibungen technischer Einzelheiten nach der Spearin Doctrine des U.S. Supreme Court baubar und nicht irreführend sein dürfen.[196] In diesem Kontext kommt es häufig zu Konflikten bei der Beurteilung der Frage, ob Fehler auf Ausführungs- oder aber Planungs- bzw. Dokumentationsmängeln beruhen. Letztere müsste sich der Bauherr zurechnen lassen und wäre insoweit an die Haftung des Planers verwiesen.

Häufig beruhen solche Mängel aber gerade auf der Fehlinterpretation der Planungsunterlagen durch den ausführenden Unternehmer. In der Rechtsprechungspraxis werden hier im Zweifelsfall hohe Anforderungen an die Planungsunterla-

---

194 Arcet, Construction & The Law, S. 89.
195 Arcet, Construction & The Law, S. 89.
196 United States v. Spearin, 248 U.S. 132 (1918); vgl.Hinze, Construction Contracts, S. 22; Arcet, Construction &The Law, S. 91.

gen gestellt, ausgehend von der Annahme, dass Architekten und Ingenieuren kraft ihrer „überlegenen" und spezifischen Ausbildung und Praxis letztendlich auch eine größere Verantwortung zukommt, zweifelsfreie vertragsgemäße Planungs- und Ausführungsunterlagen zur Verfügung zu stellen. Gegenüber dem Unternehmer ist wiederum der Bauherr in der Pflicht, ihm als Vertragspartner, solche Unterlagen zur Verfügung zu stellen.[197]

Insgesamt werden die genannten Kooperationspflichten systematisch als immanente Vertragspflichten des Bauherrn erfasst (implied conditions of cooperation), nach denen zumindest die Erreichung des Hauptzweckes des Vertrages nicht gefährdet und keinem Vertragspartner der grundlegende Vorteil und Nutzen des Vertrages entzogen werden darf.[198]

Ähnlich ist die Ausgangslage im deutschen Recht im Hinblick auf die Vertragspflichten des Bauherrn, wobei hier jedoch die gesetzlichen Grundvorstellungen maßgeblich zum Tragen kommen. Hauptpflicht des Bauherrn ist auch hier die Zahlung der vereinbarten Vergütung, die auf der gesetzlichen Vorschrift des § 631 Abs. 1, 2. Halbsatz BGB beruht. Sie entsteht bereits mit Abschluss des Vertrages, wird aber erst mit der Abnahme der Bauleistung fällig, § 641 Abs. 1 BGB. Daneben bestehen auch im deutschen Recht eine Reihe von Nebenpflichten, die sich aus dem Inhalt des Vertrages ergeben können.[199] Sie können ausdrücklich geregelt sein oder müssen im Wege der Auslegung ermittelt werden. Systematisch wird allerdings im Gegensatz zum amerikanischen Recht im deutschen Recht zwischen Kooperationspflichten i.e.S. sowie den etwa aus den §§ 241 Abs. 2, 311 und §§ 280, 282 und 324 BGB hergeleiteten Mitwirkungs-, Aufklärungs- sowie Obhuts- und Schutzpflichten als weitere Neben- und Rücksichtnahmepflichten unterschieden.[200] Nach der Kooperationspflicht im deutschen Recht sind die Vertragspartner vorwiegend dazu verpflichtet, bei Meinungsverschiedenheiten eine einvernehmliche Regelung herbeizuführen.[201]

Abgesehen von den rechtskreis-immanenten Unterschieden sind aus vergleichender Sicht folglich keine solch gravierenden Unterschiede festzustellen, die eine unterschiedliche Rechts- und Baupraxis allein aus der grundlegenden Pflichtenverteilung erklären.

---

197 Arcet, Construction & The Law, S. 91.
198 Arcet, Construction & The Law, S. 89.
199 Messerschmidt/Voit-von Rintelen, Privates Baurecht, Teil 2 § 631 Rn. 92 ff., 132 ff.
200 Kniffka/Koeble, Kompendium des Baurechts, 7. Teil Rn. 71.
201 BGH, NJW 2000, S. 807, 808.

*b) Pflichten des Architekten bzw. Planers im amerikanischen
und deutschen Recht*

Vertragliche Hauptaufgabe des amerikanischen professionellen Planers – im Eigenheimbau ist dies regelmäßig ein Architekt – ist es, eine Konstruktionsplanung entsprechend den vorgegebenen Wünschen des Bauherrn oder nach gemeinsam erarbeiteten Zielvorgaben vorzunehmen, alternative Lösungsmöglichkeiten abzuwägen und schließlich einen Entwurf zu empfehlen. Entsprechend haftet ein Architekt bei traditionell strukturierten Bauvorhaben nach den betreffenden Rechtsvorschriften im U.S.-Recht und nach der Praxis der Rechtsprechung originär in diesem eng umgrenzten Rahmen seiner planerischen Tätigkeit, sofern keine anderweitigen vertraglichen Absprachen getroffen wurden.[202]

Eine solche Haftungserweiterung kann aus zusätzlichen Vertragsleistungen wie etwa Umweltverträglichkeitsuntersuchungen, Vorplanungen, Sonderplanungen zur technischen und ästhetischen Ausstattung oder Übernahme der Vorbereitung der Baudokumentation ergeben. Ferner kann als Leistungsspektrum die Verwaltung und Koordination unterschiedlicher Bauverträge und die Wahrnehmung von Aufsichts- und Repräsentationsaufgaben in Verbindung mit der Errichtung von Gebäuden übernommen werden.[203]

Im Rahmen herkömmlicher Bauvorhaben gehört neben der eigentlichen Projektplanung regelmäßig zum Standard-Leistungsspektrum des Architekten, die Entscheidungen des Bauherrn zu einer fachgerechten Dokumentation zu verarbeiten und die Informationen dem Bauhandwerker bzw. -unternehmer zu präsentieren.[204] Während der Bauphase nimmt der Architekt hier häufig eine Treuhänder- oder Vertreterrolle zugunsten des Bauherrn mit Überwachungsfunktion gegenüber dem jeweiligen Bauunternehmer im Hinblick auf dessen Vertragspflichten ein.[205] Dies umfasst innerhalb des vorab bestimmten Ermessensspielraums vor allem die qualitative Bewertung der baulichen Leistungen im Hinblick auf die Ausführung der Arbeiten für den Bauherrn.[206]

Die vorzubereitenden eigentlichen Architektenpläne als Kern der planerischen Tätigkeit und die gegebenenfalls komplette Projektdokumentation müssen dabei dem aktuellen allgemeinen fachlichen Standard seines Berufsstands entsprechen. Ferner müssen die Anforderungen der Staaten- und Bundesgesetzgebung sowie

---

202 Twomey, Understanding the Legal Aspects of Design/Build, S. 104.
203 Merritt/Ricketts, Building Design and Construction Handbook, Kap.2.1.
204 Twomey, Understanding the Legal Aspects of Design/Build, S. 4 f.
205 Twomey, Understanding the Legal Aspects of Design/Build, S. 163.
206 Twomey, Understanding the Legal Aspects of Design/Build, S. 5.

der regionalen bzw. kommunalen Behörden sowie gegebenenfalls Aspekte des Gemeinwohls berücksichtigt werden.[207]

Über diese Funktionen und das korrelierende vereinbarte Entgelt für diese Leistungen hinaus ist der Architekt jedoch prinzipiell von der finanziellen Partizipation und den damit etwa verbundenen Profiten aus einem Bauprojekt ausgeschlossen. Andernfalls wäre regelmäßig von einem Interessenkonflikt auszugehen, der dem Auftraggeber offenzulegen ist. Denn die von der eigentlichen Bauausführung unabhängige Rolle des Architekten ist im amerikanischen Rechtskreis tief verwurzelt im Selbstverständnis des Berufsstandes und über die standesrechtlichen Verhaltenspflichten zu fiduziarischen Verhältnissen entsprechend rechtlich konkretisiert.[208] Der Architekt soll ohne Zielkonflikte seine Rolle als Vertragspartner, aber auch als Treuhänder, Agent und Controller des Bauherrn wahrnehmen können und dessen Interessen wirksam vor allem gegenüber den Bauhandwerkern vertreten.

Über diese Aspekte hinaus ist auch im Hinblick auf Architektenverträge zu berücksichtigen, dass die Parteien in Details zu den Verträgen weitgehende Gestaltungsspielräume und -möglichkeiten haben. Das gilt in besonderer Weise auch für die Verteilung von Risiken.[209] Auch dies beruht wiederum auf der Vertragsautonomie durch das Prinzip des Freedom of Contract, bedeutet aber nicht, dass sich nicht besondere bestimmte Standards als marktüblich herausgebildet haben.[210]

Inhalt und Gegenstand eines deutschen Architektenvertrages ist im Sinne eines vergleichbaren Berufsbildes zumeist die Begleitung eines Bauvorhabens von der Projektidee bis zur Fertigstellung. Dies kann die Planung eines Objektes, den fachlichen Rat über die Bebaubarkeit eines zu erwerbenden Grundstücks, eine entsprechende Bauvoranfrage und gegebenenfalls eine zuverlässige Einschätzung der Baukosten bedeuten. Schließlich kann er die Koordination der Bauabwicklung und Überwachung der fachgerechten Realisierung der Planung in technischer und wirtschaftlicher Hinsicht enthalten.[211]

Maßgebliche Bedeutung für die konkrete Bestimmung des Leistungsbildes im jeweiligen Einzelfall hat hier die Honorarordnung für Architekten und Ingenieure vom 11. August 2009,[212] § 1 HOAI. Sie regelt zugleich die zugehörigen Entgelte.

---

207 Merritt/Ricketts, Building Design and Construction Handbook, Kap.2.1; vgl. Twomey, Understanding the Legal Aspects of Design/Build, S. 18.
208 Twomey, Understanding the Legal Aspects of Design/Build, S. 45.
209 Sweet, Legal Aspects of Architecture, Engineering, and the Construction Process, S. 459 f.
210 Arcet, Construction & The Law, S. 89.
211 Zerhusen, Privates Baurecht, Rn. 949, 952.
212 Verordnung über die Honorare für Architekten- und Ingenieurleistungen, vom 11. August 2009, BGBl. I, 2732, in Kraft getreten zum 18.08.2009; Fundstellen betreffen HOAI vom

Nach § 2 Abs. 1 HOAI sind etwa die Leistungen hinsichtlich der Objektplanung für Gebäude und Freianlagen (§ 33 HOAI) nach den zugehörigen Vorschriften abzurechnen. Gegenüber den Teilen 2 bis 4 unverbindlich sind dagegen Honorare zu sonstigen Beratungstätigkeiten nach Anlage 1 zur HOAI.[213]

Seit der Grundentscheidung des BGH aus dem Jahre 1959 ist auch der Architektenvertrag regelmäßig nach den gesetzlichen Regelungen der §§ 631 ff. BGB zu behandeln, sofern dem Architekten die so genannte Vollarchitektur übertragen wurde.[214] Ferner sind Teilleistungen gem. § 33 HOAI wie etwa die Grundlagenermittlung, Vorplanung, Entwurfsplanung und Genehmigungsplanung (Leistungsphasen 1 bis 4), die Objektüberwachung gem. § 33 Abs. 1 Nr. 8 HOAI sowie die Vorbereitung der Vergabe und die Mitwirkung bei der Vergabe (Leistungsphasen 6 und 7) anerkanntermaßen nach Werkvertragsrecht zu beurteilen.[215] Für weitere Teilleistungen kann dies im Übrigen streitig sein.[216] Entsprechend werden solche Tätigkeiten dem Dienstvertragsrecht unterstellt, soweit sie nicht unmittelbar bauwerksbezogen sind, sondern primär die Wahrung der Vermögensinteressen des Bauherrn betreffen.[217]

Anders als im amerikanischen Recht sind die Pflichten des Architekten zwar ebenfalls vertraglich, maßgeblich aber auch durch die HOAI und das gesetzliche Werk- und Dienstvertragsrecht zu konkretisieren.[218] Hierbei nimmt der Architekt eine, wenn auch weisungsgebundene, Sachwalterstellung ein und ist damit – vergleichbar der Situation im amerikanischen Recht – zur pflichtgemäßen Koordinierung des Baugeschehens verpflichtet. Er hat dazu mit dem Auftraggeber zusammenzuwirken und ihn zu beraten, was beispielsweise die Auswahl der Bauunternehmer, Baumethoden oder Kostenermittlung angeht und nachbarrechtliche Verhältnisse sowie Fragen des öffentlichen und privaten Baurechts zu klären. Ferner obliegen dem Architekten zumeist die Grundleistungen gem. Anlage 11 HOAI sowie gegebenenfalls besondere und zusätzliche Leistungen im Sinne der HOAI oder aber außergewöhnliche Leistungspflichten und Mehrleistungen.[219]

Bezogen auf die Planungsarbeiten als Kern üblicher Architekten- und damit Werkverträge obliegen dem Architekten daher die Hauptleistungspflichten der termingerechten Herstellung des versprochenen Werkes. Es hat die zugesicherten

---

17. September 1976, BGBl. I S. 2805, in der Fassung vom 10. November 2001, BGBl. I S. 2992.
213 Vgl. Zerhusen, Privates Baurecht, Rn. 952 zur HOAI a. F.
214 BGHZ 31, S. 224, 227.
215 BGHZ 62, S. 204, 206 f.; BGH, BauR 1982, S. 79, 80 f.
216 Zerhusen, Privates Baurecht, Rn. 943.
217 Schmidt in Korbion, Baurecht, Teil 10 Rn. 27 f.
218 Zu den Einzelheiten siehe: Zerhusen, Privates Baurecht, Rn. 948 ff.
219 Zerhusen, Privates Baurecht, Rn. 949, 952.

Eigenschaften aufzuweisen und darf nicht mit Fehlern behaftet sein, die den Wert oder die Tauglichkeit zu dem gewöhnlichen oder nach dem Vertrag vorausgesetzten Gebrauch mindern oder aufheben.[220] Der Architekt hat dabei die allgemeinen Regeln der Baukunst und den aktuellen Stand der Technik zu beachten.[221] Als vertragliche Nebenpflichten obliegen dem Architekten eine Verschwiegenheitspflicht im Verhältnis zu Dritten, Auskunftspflichten gegenüber dem Auftraggeber sowie Treuepflichten.[222]

Ein Vertrag mit einem Ingenieur als Sonderfachmann kann dabei insbesondere bei Statik- oder Tragwerksplanungen (Teil 4, Abschnitt 1 der HOAI), der Vermessung, Baugrund- und Bodenuntersuchung sowie Gründungsberatung relevant werden. Ferner kommen Fachingenieure bei der technischen Ausrüstung des Gebäudes, z.B. Elektro-, Sanitär-, Entwässerungs-, Lüftungs- und Klima- sowie Wärmeenergietechnik insbesondere bei größeren Bauprojekten zum Einsatz.[223]

Insgesamt ist aber festzustellen, dass im Allgemeinen auch in dieser Hinsicht weitgehende Überschneidungen im amerikanischen und deutschen Recht zu den Leistungspflichten bei entsprechenden Tätigkeits- und Leistungsbildern für Planer bestehen. Das gilt erst recht für die treuhänderische Funktion, die der Architekt kraft Sachkunde in beiden Rechtsordnungen für den Bauherrn gegenüber den ausführenden Unternehmen wahrnimmt.

c) Traditionelle Aufgaben des Bauhandwerkers/Bauunternehmers

Der Bauunternehmer hat nach der Traditional Method vor allem die Aufgabe, die mit seiner Beauftragung verbundenen Bauarbeiten gegen Zahlung des entsprechenden Entgeltes vertragsgemäß auszuführen.[224]

Dabei hat er nicht in erster Linie wie der Planer die Interessen des Bauherrn bezogen auf die Bauarbeiten zu vertreten, sondern den Erfolg der vereinbarten Leistungen herbeizuführen. Im eigenen ökonomischen Interesse kann er hier auf möglichst kostengünstige Methoden im Rahmen der jeweiligen Vorgaben und Vereinbarungen zurückgreifen. Wie er das Ergebnis des Planungsprozesses in die Praxis umsetzt, bleibt in weiten Teilen ihm überlassen. Kern der Verpflichtung des Bauunternehmers gegenüber seinem Auftraggeber ist deshalb, das Bauprojekt

---

220 Zerhusen, Privates Baurecht, Rn. 950.
221 BGH, NJW 1998, S. 2814, 2815; Löffelmann/Fleischmann, Architektenrecht, Rn. 81.; Locher, Das private Baurecht, Rn. 236.
222 Thode/Wirth/Kuffer-Schwenker, Praxishandbuch Architektenrecht, § 4 Rn. 52 ff.
223 Vygen/Joussen, Bauvertragsrecht nach VOB und BGB, Rn. 20.
224 Collier, Construction Contracts, S. 35.

nach den Planungsunterlagen und technischen Bestimmungen innerhalb der vereinbarten Zeit- und Kostenspanne zu vollenden.[225]

Im deutschen Recht ist die Situation im Hinblick auf die Herbeiführung eines geschuldeten Erfolgs ähnlich. Denn gesetzliches Grundmerkmal eines Werk- und damit auch Bauvertrages ist gem. §§ 631 ff. BGB die garantieähnliche Einstandspflicht des Auftragnehmers für die Herstellung des versprochenen Werkes, verbunden allerdings mit der normierten Vorstellung des Gesetzgebers der jederzeitigen Kündigungsmöglichkeit des Auftraggebers und der Vorleistungspflicht des Auftragnehmers, was in der Praxis zu erheblichen Abwicklungsproblemen führen kann.[226] Deshalb sind besonders in diesem Bereich in der Baupraxis kautelarrechtliche Lösungen gefragt.[227]

aa) Bestimmung des Leistungsumfangs im amerikanischen Eigenheimbau

Die Ermittlung der geschuldeten Leistungen und zugehörigen Vergütung beruht bei Bauverträgen nach amerikanischem Recht vorrangig auf dem Wortlaut des Vertrages aber auch auf etwaigen Skizzen, Daten und Verzeichnissen. Dieser Grad an Abstraktion des gewünschten Werkerfolges führt bei Laien dazu, dass der exakte Leistungsumfang oft nur vage von den Bauherren erfasst wird. Sie sind auf lautere Absichten des ausführenden Unternehmers angewiesen oder müssen auf professionelle Berater und/oder Architekten zurückgreifen, um die erforderlichen Unterlagen sachgerecht überprüfen zu können.[228]

Strukturell enthalten amerikanische Bauverträge für die jeweiligen Leistungen häufig einen stufigen Aufbau. An der Spitze der Kaskade befinden sich abstrakt-generelle Regelungen im Bauvertrag, beispielsweise mit dem Inhalt, dass der Unternehmer Arbeiten, die durch die Planungsunterlagen und vorgeschriebenen technischen Daten vorgesehen sind, in einwandfreier und in der für Handwerker üblichen Weise auszuführen hat.[229]

Auf der nächsten Stufe sind die konkretisierenden technischen Daten und Anforderungen detailliert oder funktional beschrieben. Daraus ergibt sich in der Regel, was genau wie technisch einwandfrei auszuführen ist. Diese Anlagen wiederum gehen regelmäßig mit entsprechende Skizzen und Konstruktionsdetails einher, deren Umfang dem Projekt entsprechend variiert. Die Ausführungsdaten und Zeichnungen wiederum fußen ihrerseits auf den jeweiligen, komplexen Building

---

225 Twomey, Understanding the Legal Aspects of Design/Build, S. 5.
226 Elsner, Bauverträge gestalten, Rn. 191.
227 Zerhusen, Privates Baurecht, Rn. 848.
228 Vgl. Arcet, Construction & The Law, S. 90.
229 Arcet, Construction & The Law, S. 90.

Codes der einzelnen Staaten.[230] Die Basis dieser Kaskade bilden schließlich im Einzelnen die detailliert festgelegten handwerklichen oder industriellen Standards. Sie werden von den betreffenden Verbänden, etwa dem American Concrete Institute (ACI), der American Society of Testing Materials (ASTM's) oder den Gremien zum Uniform Building Code (UBC) oder National Electrical Code (NEC) veröffentlicht und ständig aktualisiert.[231]

Doch selbst detaillierte technische Spezifikationen vermögen im Ergebnis die physische Natur oder die exakte Beschaffenheit eines Bauprojektes nur lückenhaft zu beschreiben. Dies gilt erst recht für die im Eigenheimbau häufig anzutreffenden funktionalen Beschreibungen des Bausolls. In diesem Spannungsfeld wird deshalb auch eine wesentliche Ursache für zahlreiche Rechtsstreitigkeiten gesehen, die vor Gericht oftmals nur bezogen auf den Einzelfall und abhängig von sachverständiger Klärung der betreffenden Punkte zu entscheiden sind.[232]

(a) Die immanente Bedingung der fachmännischen Ausführung
   (implied warranty of workmanlike construction)

Im Bereich von Bauverträgen ist eine ausdrückliche Vereinbarung zur Qualität der Ausführung nicht zwingend. Es greift das System der anglo-amerikanischen implied terms und implied warranties, wonach die Ausführung der Bauarbeiten in fachmännischer Weise immanent vereinbart gilt.[233]

Jedenfalls wird im amerikanischen Recht auch ohne entsprechende ausdrückliche Spezifizierung davon ausgegangen, dass für den Unternehmer die Verpflichtung bzw. Bedingung besteht, dass dieser seine Arbeiten nach den Regeln der handwerklichen Kunst ausführt. Diese sogenannte Workmanlike Construction betrifft die jeweils spezifische Handels- oder Handwerkspraxis, die von Zeit zu Zeit oder von Ort zu Ort variieren kann und entsprechend durch Architekten, Ingenieure, Bauunternehmer, staatliche Kontrolleure oder andere Fachkräfte zu belegen ist.[234] Der rechtliche Maßstab in diesem Zusammenhang ist die durchschnittliche Erfüllung durch einen qualifizierten Bauunternehmer oder Händler.[235]

---

230 Arcet, Construction & The Law, S. 90.
231 Arcet, Construction & The Law, S. 90 f.
232 Arcet, Construction & The Law, S. 91.
233 Beard/Loulakis, Design-Build, S. 431 f.; Sweet, Legal Aspects of Architecture, Engineering, and the Construction Process, S. 459.
234 Arcet, Construction & The Law, S. 91.
235 Arcet, Construction & The Law, S. 91.

(b) Die zu erfüllenden technischen Anforderungen (design- and performance specifications)

Die zu erfüllenden technischen Anforderungen werden im amerikanischen Bauwesen regelmäßig auf zwei Ebenen festgelegt, entweder indem detailliert beschrieben wird, was genau der Unternehmer zu erbringen hat und auf welche Weise (design specifications)[236] oder aber welches Endergebnis er sicherstellen muss (performance specifications),[237] was ihm seinerseits bei der Durchführung einen größeren Handlungsspielraum einräumt.[238]

Daraus ergeben sich weitreichende Konsequenzen. Der Unternehmer haftet einerseits auf die mangelfreie Durchführung der vereinbarten Arbeiten, andererseits schuldet er das vereinbarte mangelfreie Ergebnis.[239] Deshalb wird der Ausgestaltung und Verteilung dieser Risiken im amerikanischen Recht besondere Sorgfalt beigemessen.[240]

Ferner ist natürlich auch eine Verknüpfung dieser beiden Ebenen denkbar. Sind sowohl Einzelheiten vorgeschrieben, als auch ein konkreter Erfolg vorgegeben, der aber durch die beschriebenen Details nicht erreicht werden kann, hat die Ausführung der vereinbarten Einzelheiten als maßgebliches Kriterium regelmäßig Vorrang. Denn die exakte Beschreibung enthält zugleich die Bedingung bzw. das Versprechen des Bauherrn, dass der erstrebte Zweck aufgrund seiner Planungsautorität auch tatsächlich durch die detaillierte Planung zu erreichen ist.[241]

Dieses Verhältnis zwischen deskriptiver und erfolgsorientierter Erfüllung setzt sich auch in den bestehenden Building Codes fort. Dort sind die Anforderungen an systemische Einheiten regelmäßig detailliert wiedergegeben, die Genehmigungsbehörde kann bei Abweichungen dennoch eine Freigabe erteilen, soweit die Anforderungen durch die Ausführung jedenfalls im Ergebnis erfüllt werden.[242]

---

236 Pittman Construction Company v. Housing Authority of New Orleans (169 So. 2d 122); Hinze, Construction Contracts, S. 126 f.
237 Hinze, Construction Contracts, S. 127 f.
238 Smith, Currie & Hanckock's Common Sense Construction Law, S. 369 f.; Arcet, Construction & The Law, S. 91; vgl. Hinze, Construction Contracts, S. 123 ff. zur Fülle an specifications i. w. S.
239 Vgl. Florida Board of Regents v. Mycon Corp., 651 So.2d 149 (Fla. 1st D.C.A. 1995); Smith, Currie & Hanckock's Common Sense Construction Law, S. 370.
240 Smith, Currie & Hanckock's Common Sense Construction Law, S. 370.
241 Arcet, Construction & The Law, S. 92.
242 Arcet, Construction & The Law, S. 92.

bb) *Bestimmung des Leistungssolls von Auftragnehmern bei Bauleistungen im deutschen Bauvertragsrecht*

Mit Abschluss eines Bauvertrages als Werkvertrag i.S.d. §§ 631 ff. BGB verpflichtet sich der Bauunternehmer als Auftragnehmer zur mangelfreien Erstellung eines Bauwerkes und der Bauherr als Auftraggeber zu einer entsprechenden Vergütung dieser Leistung. Historisch betrachtet liegt § 631 BGB die Vorstellung des Einzelgewerkvertrages zugrunde, bei dem keine dezidierte Planungsleistung oder Einschaltung Dritter notwendig ist. Dies ist die „klassische" Form des Bauvertrages, wie sie prinzipiell auch der VOB/B als Leitbild zugrunde liegt.[243] Wie bereits dargelegt, ist im Unterschied zu einem Dienstvertrag jedoch nicht die Tätigkeit als solche, sondern die Herstellung eines körperlichen Arbeitsergebnisses bzw. -erfolges geschuldet. Gleichgültig ist für die Bestimmung der zu erbringenden Leistung, ob ein Bauvertrag auf die Herstellung eines Rohbaus, eines schlüsselfertigen Neubaus oder auf Gewerke oder Einzelleistungen wie etwa Maler-, Renovierungs- oder Installationsarbeiten durch den Unternehmer gerichtet ist.[244]

Im Einzelnen folgt die Ermittlung des geschuldeten sogenannten Bausolls im deutschen Bauvertragsrecht einer ähnlichen Systematik wie im amerikanischen Recht, weshalb sie hier nur in ihren Grundzügen erörtert werden soll. Denn auch im deutschen Recht besteht die Herausforderung, die geschuldete Bauleistung möglichst genau festzulegen. Hierfür werden ebenfalls die beiden Wege beschritten, entweder die auszuführenden Arbeiten exakt festzulegen oder mittels einer funktionalen Baubeschreibung das gewünschte Ergebnis detailliert zu beschreiben, wobei es dem Auftragnehmer obliegt wie er dieses mangelfrei herbeiführt.[245]

Dieser Weg führt auch im deutschen Recht über eine Baubeschreibung, die die abstrakt generellen Verpflichtungen inhaltlich konkretisiert oder ein entsprechendes Leistungsverzeichnis, in welchem die jeweiligen Einzelpositionen nach Gegenstand, Menge und ggf. Preisen für die jeweiligen Einheiten pauschal oder konkret festgeschrieben werden.[246] Auch hier ergänzen Pläne und Planungsdetails die Definition des Arbeitsergebnisses.

Wie das jeweilige Bauwerk mangelfrei zu errichten ist, ergibt sich ausdrücklich oder stillschweigend im Sinne des subjektiven Mangelbegriffs aus dem Vertrag selbst und durch die ergänzende Bewertung, ob das Ergebnis dem Stand der Technik entspricht. Der Ermittlung dieser fachlichen Standards dienen wiederum

---

243 Leitzke, Das baurechtliche Mandat, § 2 Rn. 50 f.
244 Zerhusen, Privates Baurecht, Rn. 807.
245 Vygen/Joussen, Bauvertragsrecht nach VOB und BGB, Rn. 832 ff.; Kleine-Möller/Merl, Handbuch des privaten Baurechts, § 2 Rn. 147 f.
246 Messerschmidt/Voit-Richter, Privates Baurecht, Teil I D Rn. 215, 217; vgl. Labrenz, Zur Verbindlichkeit von Bauverträgen mit funktionaler Leistungsbeschreibung, S. 32 f.

die betreffenden technischen Vorgaben für die jeweiligen Gewerke, beispielsweise aus den VDI-Richtlinien oder DIN-Normen.[247] Zu berücksichtigen ist aber, dass ein Verstoß gegen DIN-Normen zwar einerseits einen Mangel indiziert, deren Einhaltung andererseits aber keine Mangelfreiheit garantiert, indem die betreffenden DIN-Normen im Zeitpunkt der Leistungserbringung auch hinter dem maßgeblichen aktuellen Stand der Technik zurückstehen können.[248]

cc) Der vertragliche Leistungsumfang des Auftragnehmers im Vergleich

Angesichts der Komplexität eines Gesamtwerkerfolges „Eigenheim" und dessen mangelfreier Errichtung sind beide Rechtsordnungen in ähnlicher Weise bemüht, eine lückenlose Definition der geschuldeten Leistung zu ermöglichen. Entscheidend bleiben hierbei die Festlegungen der Parteien selbst, was der Auftragnehmer zu erbringen hat. Im Hinblick auf Funktionsfähigkeit und Mangelfreiheit, also bei der Frage wie die Leistung zu erbringen ist, kann demgegenüber auch ohne deskriptive Festlegungen ohne Weiteres auf die allgemeinen Auslegungsgrundsätze sowie technischen Normen zur Bestimmung des Standes der Technik zurückgegriffen werden. Dies ist jedenfalls auch dann der Fall, wenn der geschuldete Erfolg nicht ohne zusätzliche, nicht in der Baubeschreibung, Leistungsverzeichnis oder Plänen enthaltene Leistungen zu erbringen ist. Etwas anderes gilt, wenn sich fehlende Leistungen allein aus Planungshoheit und Verantwortung des Auftraggebers ergeben. In diesem Zusammenhang sind graduelle Unterschiede nach amerikanischem und deutschem Recht zu beobachten, indem etwa einem gewerblichen Auftragnehmern als Fachkundigem im deutschen Recht gegenüber einem Verbraucher ein höheres Maß an begleitenden Beratungs- und Aufklärungsleistungen bei den vertraglichen Nebenpflichten auferlegt wird.[249]

Auch die unterschiedlichen Vorgehensweisen einer detaillierten oder aber funktionalen Beschreibung des Bausolls finden eine jeweilige Entsprechung innerhalb der Rechtsordnungen.

Problematisch im amerikanischen Recht erscheint im Vergleich allerdings die Tatsache, dass für die Bewertung, ob eine Leistung fachgerecht erbracht wurde oder nicht, keine bundeseinheitlichen Standards bestehen.[250] Im deutschen Recht ist häufig allein die Frage zu stellen, ob die betreffenden technischen Normen wie etwa DIN (noch) den aktuellen technischen Standard reflektieren oder im Hinblick auf den Einzelfall zu ermitteln sind.

---

247 Messerschmidt/Voit-Drossart, Privates Baurecht, Teil II § 633 Rn. 11 ff., 30 f.
248 Messerschmidt/Voit-Drossart, Privates Baurecht, Teil II § 633 Rn. 30, 33.
249 Vgl. Messerschmidt/Voit-von Rintelen, Privates Baurecht, Teil II § 631 Rn. 97, 105.
250 Arcet, Construction & The Law, S. 91.

5. Standard-Bedingungen bei Bauverträgen

Das Bauvertragsrecht bewegt sich im Spannungsfeld rechtlicher Kontinuität und damit relativer Rechtssicherheit und rapiden Veränderungen technischer, ästhetischer und ökonomischer Anforderungen, sowie anwachsender Regulierungsdichte im Bereich von Vertragsbeziehungen mit Verbrauchern. Auf allen Ebenen führt hier zunehmende Komplexität – auch im Bausegment von Einfamilienhäusern – dazu, dass Bauvorhaben unter eigener Regie immer schwieriger durchzuführen sind. Die damit verbundenen Verträge bedürfen prinzipiell sorgfältiger und angemessener Verhandlungsabläufe, um bei adäquater Risikoverteilung zu den erwünschten Ergebnissen zu gelangen.[251] Allerdings kann ein umfassender Verhandlungsvorgang einen erheblichen Anstieg der Transaktionskosten bedeuten, sofern bei Bauprojekten einzelne Vertragsregelungen stets neu verhandelt werden. Insoweit besteht ein Antagonismus zwischen Individuallösungen der Akteure als Differenzierungsmerkmal im jeweiligen Wettbewerbsumfeld auf der einen Seite und einem anreizkompatiblen Bedürfnis nach Vereinfachung und transaktionskosten minimierenden rechtssicheren Lösungen auf der anderen Seite, die prinzipiell für eine branchenweite Verwendung geeignet sind.

a) Standard Form Contracts

Im anglo-amerikanischen Rechtskreis insgesamt, also nicht nur in den U.S.A. sondern etwa auch und vor allem im englischen,[252] australischen oder kanadischen Recht,[253] sind sogenannte Standard Form Contracts weit verbreitet, wobei hier lediglich die U.S.-amerikanischen Standard Form Contracts näher beleuchtet werden.

Es existieren Musterverträge für nahezu sämtliche denkbaren bauvertraglichen Konstellationen. Sie gelten aber nur, wenn sie durch die Parteien explizit vereinbart werden.[254]

Diese Musterverträge, die beispielsweise vom American Institute of Architects (AIA) als bedeutendster Institution, aber etwa auch vom Engineers Joint Contract Documents Committee (EJCDC) herausgegeben werden, sind das Resultat von Verhandlungen gemeinsamer Gremien der unterschiedlichen Interessenvertreter, beispielsweise Architekten, Ingenieuren, Bauunternehmern, Eigentümer- bzw. Bauherrenverbände, Juristen der jeweiligen vorgenannten Gruppen und Versicherungen. Jede Gruppe verfolgt zwar bei der Ausarbeitung dieser allgemeinen Ver-

---

251 Vgl. Collier, Construction Contracts, S. 51-54, 189.
252 Uff, Construction Contracts, S. 210 ff., 231 ff.
253 Samuels, Construction Law, S. 4, 9.
254 Hök, Handbuch des internationalen und ausländischen Baurechts, § 42 Rn. 5.

tragsbedingungen originär eigene Interessen, allerdings mit dem Ziel eines allgemeinen Übereinkommens zum jeweiligen Sachverhalt.[255]

Resultat dieser parteiübergreifenden Bemühungen ist nach allgemeinem Konsens, dass die AIA- oder EJCDC-Muster, abgesehen von Modifikationen im Einzelfall, die am weitesten verbreiteten und genutzten Standardverträge im amerikanischen Bauvertragsrecht darstellen.[256] Diese sind am amerikanischen Markt insgesamt als ausgewogene und sorgfältig entwickelte Vertragswerke anerkannt, die nach verbreiteter Ansicht in der amerikanischen Rechtsliteratur geeignet sind, Streitigkeiten von vorneherein zu minimieren und für beide Parteien einen größeren Kosten-Nutzen-Vorteil zu erbringen.[257] Ihre Marktrelevanz ist unbestritten, sie gelten als praxisbewährt und reflektieren nach ganz überwiegender Meinung den jeweils üblichen Sorgfaltsmaßstab.[258]

Diese institutionellen Standard-Verträge sind allerdings nicht zu verwechseln mit der großen Zahl an schlichten Form Contracts wie sie von jedem Unternehmer oder Händler angeboten werden können und vielfach auch vorgelegt werden. In diesem Zusammenhang bedeutet „form" lediglich, dass es sich um von einer Partei vorgefertigte Geschäftsbedingungen bzw. um von der Gegenseite lediglich zur Unterzeichnung gestellte eigene Musterverträge handelt, die dem betreffenden Unternehmer eine zumeist einseitige Abdeckung seiner Risiken ermöglichen sollen.[259] Solche einseitigen Verträge können sich selbstverständlich auch zugunsten eines Bauherrn in Abhängigkeit von dessen Verhandlungsmacht ergeben.[260] Allerdings wird das Risiko der Parteien bezüglich individuell vereinbarter Rechte und Pflichten zu einzelnen Bauprojekten um ein vielfaches höher zu bewerten sein, als bei erprobten standardisierten Vertragsdokumenten.

Festzuhalten ist aber genauso im Bereich der „offiziellen" Vertragsmuster, dass sich auch hier nicht jedes Projekt mittels der vereinbarten Vertragsstandards adäquat umsetzen lässt und insoweit eine jede Vertragspartei bei der Vereinbarung angemessener Konditionen gefordert ist.[261] Eine Anpassung der Musterver-

---

255 Abramowitz, Architect's Essentials of Contract Negotiation, S. 199; Hinze, Construction Contracts, S. 122; weitere Standards anderer Organisationen sind etwa die der Associated General Contractors, AGC, der American Society of Civil Engineers, ASCE, die von der Regierung selbst entwickelten allgemeinen Bedingungen, die „federal acquisition regulations".
256 Bockrath, Contracts and the Legal Environment for Engineers and Architects, S. 108; Samuels, Construction Law, S. 4, 11.
257 Samuels, Construction Law, S. 11 f.; Hinze, Construction Contracts, S. 122.
258 Vgl. Bockrath, Contracts and the Legal Environment for Engineers and Architects, S. 114; Hinze, Construction Contracts, S. 123 f.
259 Rose, The Legal Adviser on Home Ownership, S. 19.
260 Samuels, Construction Law, S. 11.
261 Vgl. Twomey, Understanding the Legal Aspects of Design/Build, S. 159; Abramowitz, Architect's Essentials of Contract Negotiation, S. 199.

träge ist dabei keineswegs ausgeschlossen, wobei die AIA oder andere Dokumente eine transparente Ausgangsposition ermöglichen.[262] Denn selbst bei Abweichungen ermöglichen die Standard-Musterverträge bei strittigen Fragen den synoptischen Vergleich, welche Unterschiede bestehen, welche Vertragspartei von einer abweichenden Regelung profitiert und inwieweit das Projekt insgesamt dadurch verändert wird.[263]

Je standardisierter allerdings die Grundschemen von Bauvorhaben sind, wie etwa im Bereich des privaten Wohnungs- und Eigenheimbaus, desto tiefer greift die Anwendung betreffender Muster wie beispielsweise des AIA Standard Form of Agreement between Contractor and Owner for Construction of Buildings.[264] Hervorzuheben ist in diesem Zusammenhang, dass die jeweils entwickelten Muster in der Vergangenheit eine detaillierte Überprüfung durch die Rechtsprechung erfahren haben und daher ebenfalls ein hohes Maß an Rechtssicherheit bei der Auslegung einzelner Regelungen bieten.[265]

b) VOB- und andere Muster-Bauverträge

Die Verwendung von allgemeinen Vertragsbedingungen im Bauvertragsrecht ist unstreitig zwingend notwendig. Privatrechtlich organisierte und gleichermaßen allgemein anerkannte Institutionen wie das AIA sind indes im deutschen Recht bislang nicht zu erkennen.

Durch die aktuellen Entwicklungen in der Rechtsprechung zur VOB/B ist deren Verwendung im Verbraucherbereich stark eingeschränkt, wenn nicht gar ausgeschlossen, worauf im Folgenden noch näher einzugehen sein wird. Dies hat zumindest Aktivitäten auf Verbändeebene hervorgebracht, um rechtssichere allgemeine Vertragsbedingungen für Bauvorhaben zu etablieren.[266] Auf Seiten von Verbraucherinteressenvereinigungen wie dem Verband Privater Bauherren e. V. (VPB) wird demgegenüber vor „Musterverträgen aus dem Internet" (wohl nicht ganz uneigennützig) gewarnt.[267]

Auf übergeordneter Ebene und auf Initiative des Bundesministeriums für Verkehr, Bau- und Stadtentwicklung hin ist vom „Kompetenzzentrum kostengünstig

---

262 vgl. Twomey, Understanding the Legal Aspects of Design/Build, S. 159.
263 Abramowitz, Architect's Essentials of Contract Negotiation, S. 198.
264 Bockrath, Contracts and the Legal Environment for Engineers and Architects, S. 114.
265 Hinze, Construction Contracts, S. 122 f.
266 Z. B. publiziert der Zentralverband Deutsches Baugewerbe gemeinsam mit der Eigentümer-Schutzgemeinschaft Haus & Grund einen „Verbrauchervertrag für Bauleistungen Einfamilienhaus/ Schlüsselfertigbau"; *http://www.hausundgrund.de/collective_resources/einfamilien haus-schluesselfertigbau.pdf,* Stand: Januar 2010.
267 Verband Privater Bauherren e.V., Pressemitteilung vom 12.11.2008, *http://www.vpb.de/ presse203_121108.html,* Stand: 13.05.2010.

qualitätsbewusst Bauen" 2004 zwar eine „Checkliste zur Auswertung von Bau- und Leistungsbeschreibungen für Ein- und Zweifamilienhäuser" entwickelt worden,[268] darüber hinausgehende baurechtliche Impulse sind derzeit aber nicht zu erkennen.
Somit verbleibt es vorerst bei der singulären Stellung der VOB/B als Mustervertragsbedingungen für Bauverträge nach deutschem Recht. Ihre Verwendung war bislang auch im Eigenheimbau weit verbreitet.[269] Allerdings war bereits in der jüngeren Vergangenheit eine starke Tendenz zu Bauverträgen auf Grundlage des BGB mit je eigenen allgemeinen Vertragsbedingungen zu beobachten. Diese Entwicklung gipfelt nun im Urteil des BGH vom 24. Juli 2008 (Az: VII ZR 55/07).[270] Dort hat der BGH entschieden, dass die VOB/B bei Verwendung gegenüber Verbrauchern nicht länger privilegiert ist und einzelne Klauseln – auch bei unveränderter Vereinbarung der VOB/B als Ganzes – der Inhaltskontrolle gem. §§ 307 ff. BGB unterliegen. Das hat bei Verwendung der VOB/B durch gewerbliche Auftragnehmer zur Konsequenz, dass Klauseln, die für sich genommen Verbraucher unangemessen benachteiligen, unwirksam sind.[271] Klauseln, die für Verbraucher eher günstig ausgestaltet sind, bleiben gültig, so dass das ursprünglich für beide Seiten als ausgewogen geltende Gesamtverhältnis begünstigender und benachteiligender bauvertraglicher Spezialregelungen nicht länger besteht. Zu erwarten ist deshalb, dass die VOB/B künftig nur noch im Verhältnis zwischen öffentlichen Auftraggebern und gewerblichen Auftragnehmern sowie gewerblichen Akteuren untereinander maßgebliche Bedeutung behält.

c) Standard Form Contracts und VOB-Verträge im Vergleich

Das Bedürfnis nach anerkannten und rechtssicheren Regelungen und vorformulierten Vertragsbedingungen erscheint im amerikanischen Recht aufgrund der wesentlich geringeren Regulierungstiefe konsequent. Im deutschen Recht überrascht die geringe Gesetzesdichte im privaten Baurecht angesichts der Kodifikationstradition und der gesamtökonomischen Bedeutung von Bauvorhaben eher.

---

268 *http://www.kompetenzzentrum-bauen.de/fileadmin/user_upload/dokumente/Broschueren/check liste.pdf,* Stand: 13.05.2010.
269 Pfeiffer/Hess/Huber, Rechtsvergleichende Untersuchung zu Kernfragen des privaten Bauvertragsrechts, Abschlussbericht, S. 3, wonach die VOB/B 70 bis 80 Prozent aller Verbraucherverträge zugrunde lag.
270 BGH NZBau 2008, S. 640, 642 f.
271 Messerschmidt/Voit-Voit, Privates Baurecht, VOB Teil B, Vor § 1 Rn. 13 mit Übersicht zu den kritischen Klauseln bei Verwendung ggü. Verbrauchern; Online unter: *http://rsw.beck. de/rsw/upload/MesserschmidtVoit/ vor_§_1_vob_b.pdf,* Stand 01.11.2009.

Das amerikanische Recht überwindet dieses Vakuum durch die etablierten Standard Form Contracts, allen voran die AIA-Musterverträge.[272] Erstaunlich ist hier besonders die interessenunabhängige Anerkennung der Vertragswerke in der rechtlichen und bauwirtschaftlichen Literatur sowie die damit verbundene Selbstbeschränkung der jeweiligen Akteure in einem verhältnismäßig deregulierten Markt.

Eine Entsprechung fand diese Lösung im deutschen Recht in der rechtlich freiwilligen Einbeziehung der VOB/B in private Bauverträge, die allerdings aufgrund der skizzierten Entwicklung im deutschen Recht so nicht fortdauern wird. Es spricht viel dafür, dass im deutschen Recht vorerst Insellösungen innerhalb der jeweiligen Branchenbereiche Fuß fassen oder verstärkt werden.

Damit besteht für die Verwender allgemeiner Vertragsbedingungen und deren Vertragspartner bei Bauverträgen eine uneinheitliche und intransparente Situation, so dass zunehmende Rufe nach einem Eingreifen des Gesetzgebers im deutschen Recht nicht lange auf sich warten lassen werden. Dennoch dürfte vor dem Hintergrund der umfangreichen Judikatur mit relativer Rechtssicherheit zumindest auf einzelne Klauseln der VOB/B zurückzugreifen sein.

Ursache für diese unterschiedlichen Bestandsaufnahmen und Entwicklungen ist sicherlich, dass sich im amerikanischen Recht auf der Ebene der privaten Marktteilnehmer frühzeitig Organisationen wie die AIA herausbildeten und institutionellen Rang mit entsprechender Marktmacht erlangten.

Aus vergleichender Sicht wurde auch im deutschen Recht frühzeitig deutlich, dass die vorhandenen gesetzlichen Regelungen der Abwicklung von Einfamilienheimen nicht genügten. Für lange Zeit aber wurde am werkvertraglichen Grundgerüst des BGB festgehalten. Also wurden auf der Suche nach Analogien und Entsprechungen hier – anders als in den U.S.A. – Regelungen zum Vorbild genommen, die von vornherein durch den normgebenden, nicht rechtsfähigen Verein – den damaligen Verdingungsausschuss – originär auf die Bedürfnisse öffentlicher Auftraggeber zugeschnitten waren. Diese Konzentration auf die Bedürfnisse des beschriebenen Adressatenkreises lässt sich bis in die jüngste Vergangenheit nachvollziehen, obwohl sich die Schere der Anforderungen der öffentlichen Hand im Vergleich zu denen privater Bauherren im Laufe der Jahre immer weiter öffnete. Auf der anderen Seite bot die VOB/B über lange Zeit ein so ausreichendes Maß an Rechtssicherheit, dass keine weiteren Initiativen erfolgreich Fuß fassen konnten und keine hinreichenden Anreize zu autonomen Fortentwicklungen im Bereich von Musterbauverträgen, bauvertraglichen Normen oder Bau-AGB bestanden.

---

272 Clough, Construction Contracting, S. 149.

6. Haftung für die Erfüllung vertraglicher Bauleistungspflichten

Wie eingangs erwähnt hat ein großer Anteil der Prozesse vor den Landgerichten Berührungspunkte mit der Errichtung von Bauwerken, Anlagen oder Arbeiten an Grundstücken.[273] Von wesentlicher Bedeutung ist daher im Bauvertragsrecht die Frage, ob eine Leistung entsprechend der spezifischen Risikoallokation der jeweiligen Rechtsordnung vertragskonform erbracht wurde, auch wenn dies leider oft erst retrospektiv zu beantworten ist. Im Folgenden sollen daher die bestehenden Haftungsregime einer vergleichenden Betrachtung unterzogen werden.

a) Breach of Contract – Vertragsverletzung im amerikanischen Recht

In den Common-Law-Rechtsordnungen insgesamt und damit auch im amerikanischen Recht wird ein Vertrag grundsätzlich als Garantieversprechen aufgefasst.[274] Trotz der Besonderheiten und Komplexität sowie immobilienrechtlicher Bezüge, die bauliche Prozesse mit sich bringen, gilt dieser Grundsatz ebenso für den Bereich des amerikanischen Bauvertragsrechts.[275] Eine Verantwortlichkeit und Haftung des Vertragspartners des Bauherrn bei Handlungen oder Unterlassungen kann sich danach auch im Bereich vertraglicher Bauleistungen im amerikanischen Recht aus der „Haftungstrias"[276] von Breach of Contract (Vertragsbruch/ Vertragsverletzung), Negligence (Nachlässigkeit) und Statutory Violations (Verletzung gesetzlicher Regelungen) ergeben.[277]

Den wichtigsten Bereich bilden hierbei die Grundsätze der Vertragsverletzung.[278] Eine solche Vertragsverletzung bzw. ein Vertragsbruch (breach of contract) liegt vor, wenn eine der Vertragsparteien ihre versprochenen, d. h. die sich aus dem Vertrag ergebenden, wirksamen Verpflichtungen (aus welchen Gründen auch immer) nicht erfüllt.[279] Dementsprechend wird nicht danach gefragt, ob ein Auftragnehmer oder eine von ihm eingesetzte natürliche oder juristische Person schuldhaft gehandelt hat oder welches die Gründe für die betreffende Nichterfüllung oder Leistungsstörung sind. Es ist mehr oder weniger ohne Belang, ob

---

273 Messerschmidt/Voit-Voit, Privates Baurecht, Teil I A Rn. 2; vgl. ferner beispielsweise Diederichs, Der Bauprozess und der Bausachverständige, in: NZBau 2004, S. 490 ff.
274 Vgl. Zweigert/Kötz, Einführung in die Rechtsvergleichung, S. 501.
275 Collier, Construction Contracts, S. 6; vgl. ferner S. 22; Hök, Handbuch des internationalen und ausländischen Baurechts, § 18 Rn. 14; § 42 Rn. 28.
276 vgl. Twomey, Understanding the Legal Aspects of Design/Build, S. 101; bzgl. Einzelheiten siehe ferner S. 105 ff., 107 ff.
277 Twomey, Understanding the Legal Aspects of Design/Build, S. 110.
278 Hök, Handbuch des internationalen und ausländischen Baurechts, § 42 Rn. 28 ff. zu weiteren Einzelheiten.
279 Twomey, Understanding the Legal Aspects of Design/Build, S. 108 f.

etwa eine versprochene Leistung überhaupt nicht, zu spät oder sonst unter vertragswidrigen Modalitäten bewirkt wurde, da die Herbeiführung des Erfolgs und das Nicht-Einhalten der übernommenen Garantie allein maßgeblich Tatbestandselemente sind.[280] Im Umkehrschluss muss selbstverständlich auch im Common Law die Frage gestellt werden, unter welchen Voraussetzungen ein Schuldner wegen eines Leistungshindernisses aus dieser Haftung zu entlassen ist. Aus dieser Perspektive ist folglich zu fragen, ob er nach dem Inhalt und Sinn eines Vertrages nicht unter allen Umständen für die fragliche Leistung einzustehen hatte, weil eine Garantie für bestimmte Leistungshindernisse gerade nicht übernommen wurde.[281] Dementsprechend ist auch in der amerikanischen Literatur zum Bauvertragsrecht eine gesonderte Abhandlung von Gewährleistung oder Mängelhaftung vergeblich zu suchen.[282] Diese Ansprüche nehmen aus dem Axiom strenger Haftung heraus keine Sonderstellung neben anderen Ansprüchen aus Vertragsbruch ein. Davon abgesehen bedeuten sie „geradezu den Mustertyp der Vertragshaftung nach Common Law überhaupt".[283]

Kommt es zu einem Vertragsbruch, steht der ohne eigenes Verschulden durch eine Vertragsverletzung beeinträchtigten Vertragspartei theoretisch eine Auswahl an Rechtsmitteln zur Verfügung, um beispielsweise Schadenersatz (damages),[284] ausdrückliche bzw. tatsächliche Erfüllung (specific performance), Unterlassung (injunction) oder die Feststellung der Rechtslage zu erreichen.[285] De facto ist der häufigste und meist auch einzig in Betracht kommende Rechtsbehelf die Geltendmachung von Schadenersatz im amerikanischen Bauvertragsrecht und auch generell.[286]

Schadenersatz bedeutet hierbei im Sinne des Ersatzes eines Nichterfüllungsschadens grundsätzlich, die verletzte Vertragspartei in die (finanzielle) Position zu versetzen, die sie ohne das Schadensereignis besessen hätte, regelmäßig im Bereich der vertraglichen Haftung aber ohne Gewinnabschöpfung oder Strafschadensersatz (punitive damages).[287] Auch in diesem Kontext greifen innerhalb des amerikanischen Vertragsrechts die Haftungsbeschränkungen des allgemeinen

---

280 Zweigert/Kötz, Einführung in die Rechtsvergleichung, S. 501 f.
281 Zweigert/Kötz, Einführung in die Rechtsvergleichung, S. 502, 507 ff.
282 Exemplarisch hierfür: Collier, Construction Contracts, S. 18 f.
283 Rheinstein, Einführung in die Rechtsvergleichung, S. 155; Zweigert/Kötz, Einführung in die Rechtsvergleichung, S. 502.
284 bzgl. Einzelheiten: Twomey, Understanding the Legal Aspects of Design/Build, S. 121 ff.
285 Samuels, Construction Law, S. 19.
286 Collier, Construction Contracts, S. 18 f.; Hök, Handbuch des internationalen und ausländischen Baurechts, § 42 Rn. 36 ff.
287 Vgl. Hök, Handbuch des internationalen und ausländischen Baurechts, § 42 Rn. 37.

Schadensrechts (z.B. der Schadensminderung – mitigation of loss – oder Zurechnungsaspekte – remoteness/ consequential/ liquidated damages).[288]

Weiterhin können im amerikanischen Recht häufig anzutreffende Freistellungsverpflichtungen (indemnifications) dazu führen, dass die freistellende Partei den betreffenden Vertragspartner schadlos zu halten hat, unabhängig von der Frage der konkreten Haftung im Einzelfall.[289]

b) Haftung des Bauunternehmers im deutschen Bauvertragsrecht

Im deutschen Bauvertragsrecht sind innerhalb des traditionellen Oberbegriffs „Leistungsstörung" beziehungsweise nunmehr „Pflichtverletzung" Ursachen und Folgen für ein Verfehlen vertraglicher Pflichten systematisch zu differenzieren. Bis zum Inkrafttreten des Gesetzes zur Modernisierung des Schuldrechts am 01.01.2002[290] unterschied das deutsche Recht mit „systembildender Kraft"[291] die verschiedenen Leistungsstörungen mit unterschiedlichen Sanktionen und Sanktionsvoraussetzungen, etwa in die anfängliche und nachträgliche Unmöglichkeit einer Leistung sowie objektive und subjektive, während dieser Unterscheidung heute vorwiegend systematisierende Bedeutung zukommt.[292]

Nunmehr sollen mit dem Rechtsinstitut der Pflichtverletzung alle Formen der Leistungsstörung wie Unmöglichkeit, Mängel, Verzug, der Tatbestand der ursprünglichen positiven Vertragsverletzung (von Nebenpflichten) umfasst werden. § 280 Abs. 1 BGB stellt dabei grundsätzlich nur noch auf die Kausalität zwischen Pflichtverletzung und Schaden ab.[293] Allerdings fallen hier die primär im allgemeinen Schuldrecht geregelten Folgen in Schadenersatz gem. §§ 280 ff. BGB und/ oder Rücktritt vom gegenseitigen Vertrag gem. §§ 323 ff. BGB bzw. die Unmöglichkeit und deren Rechtsfolgen in §§ 275, 283, 311a und 326 BGB auseinander.[294] In diesem Zusammenhang bestand nach altem Recht für die anfängliche Unmöglichkeit eine Garantiehaftung dergestalt, dass etwa ein Bauherr gegenüber einem Generalunternehmer bzw. Totalunternehmer nicht auf die Nichtigkeitsfolgen gem. § 306 a.F. BGB verwiesen war, sondern gem. § 635 a.F. BGB Schadenersatz wegen Nichterfüllung verlangen konnte, wenn ein Vertrag über

---

288 Weitere Einzelheiten: Samuels, Construction Law, S. 18 ff.; Hök, Handbuch des internationalen und ausländischen Baurechts, § 42 Rn. 41 ff. m. w. N.; vgl. auch die im amerikanischen Recht anerkannten Regeln aus Hadley v. Baxendale, Exch. 341 (England 1854).
289 Twomey, Understanding the Legal Aspects of Design/Build, S. 125 f.
290 BGBl. Teil I Nr. 61/2001 vom 29.11.2001, S. 3138 ff.
291 Zweigert/Kötz, Einführung in die Rechtsvergleichung, S. 501.
292 Messerschmidt/Voit-von Rintelen, Privates Baurecht, Teil I H Rn. 95.
293 Kniffka, ibr-online-Kommentar Bauvertragsrecht, § 631 Rn. 190.
294 Kniffka, ibr-online-Kommentar Bauvertragsrecht, § 631 Rn. 191.

die Errichtung eines ebenfalls zu planenden, aber nicht genehmigungsfähigen Objektes vorlag.[295] Demgegenüber ist nach neuem Schuldrecht umstritten, ob der Garantiegedanke weiterhin Gültigkeit hat[296] oder insoweit eine Haftungserleichterung eingetreten ist, als Schadensersatz wegen Nichterfüllung nur noch verlangt werden kann, wenn ein Auftragnehmer die anfängliche Unmöglichkeit kannte oder verschuldet aufgrund eines Verstoßes gegen Erkundigungs- und Informationspflichten nicht kannte.[297] Die Gegenauffassung knüpft allerdings hohe Anforderungen an eine Erkundigungspflicht des Auftragnehmers.[298]

Trotz des Grundtatbestandes der Pflichtverletzung in § 280 Abs. 1 Satz 1 BGB unterfallen die Ansprüche des Bauherrn bzw. Bestellers wegen Mängeln des Bauwerkes der besonderen Systematik der werkvertraglichen Gewährleistungs- beziehungsweise Mängelrechte der §§ 633 ff. BGB.

Ohne in diesem Kontext die Besonderheiten des deutschen Verständnisses von Mängeln als Ausfluss des Mangelbegriffs gem. § 633 BGB (im Vergleich auch zu § 434 BGB) beleuchten zu können, kommt im deutschen Recht dem Nacherfüllungsanspruch von Bestellern zentrale Bedeutung zu, im Kern also ein Anspruch auf Erfüllung des Vertrages.[299] Seit der Schuldrechtsreform findet keine Unterscheidung in Primär- und Sekundäransprüche mehr statt, für deren Geltendmachung es nach altem Recht entweder eines Verzugs des Auftragnehmers oder eine Fristsetzung mit Ablehnungsandrohung bedurfte, was in der Praxis häufig Schwierigkeiten bereitete.[300] Allerdings ist nach geltendem Recht in der Regel eine angemessene Fristsetzung notwendig, innerhalb der dem Auftragnehmer gesetzlich ein Recht zur ordnungsgemäßen Erfüllung des Vertrages (Nacherfüllung) eingeräumt wird.[301] Auch nach Fristablauf geht der ursprüngliche Erfüllungsanspruch nicht mehr unter, sondern der Besteller hat die freie Wahl, weiterhin Er-

---

295 BGH, NJR-RR 1989, S. 775, 777.
296 So Voit, Änderungen des allgemeinen Teils des Schuldrechts durch das Schuldrechtsmodernisierungsgesetz und ihre Auswirkungen auf das Werkvertragsrecht, in: BauR 2002, Sonderheft 1a, S. 145, 149; Zimmer, Das neue Recht der Leistungsstörungen, in: NJW 2002, S. 1, 3.
297 Teichmann, Strukturveränderungen im Recht der Leistungsstörungen nach dem Regierungsentwurf eines Schuldrechtsmodernisierungsgesetzes, in: BB 2001, S. 1485, 1487; vgl. Canaris, Die Reform des Rechts der Leistungsstörungen, in: JZ 2001, S. 499, 506.
298 Kniffka, ibr-online-Kommentar Bauvertragsrecht, § 631 Rn. 200; vgl. Medicus, Der Regierungsentwurf zum Recht der Leistungsstörungen, in: ZfBR 2001, S. 507, 508; Canaris, Die Reform des Rechts der Leistungsstörungen, in: JZ 2001, S. 499, 507.
299 Entwurf eines Gesetzes zur Modernisierung des Schuldrechts der Bundesregierung vom 11.05.2001, BR-Drucksache 338/01, S. 625 f.; Kniffka, ibr-online-Kommentar Bauvertragsrecht, § 634 Rn. 2.
300 Kniffka, ibr-online-Kommentar Bauvertragsrecht, § 634 Rn. 4.
301 Kniffka/Koeble, Kompendium des Baurechts, 6. Teil Rn. 1; Maser, Baurecht nach BGB und VOB/B, II. 5.1.2.2; vgl. zu den vergleichbaren Regelungen des Kaufrechts: BGH, IBR 2005, S. 309.

füllung zu verlangen und den Auftragnehmer auf Nacherfüllung zu verklagen oder aber seine Rechte auf Selbstvornahme und Kostenerstattung oder -vorschuss, Rücktritt, Minderung oder Schadensersatz statt der Leistung geltend zu machen.[302] Zu berücksichtigen ist aber, dass Schadensersatz grundsätzlich nur verlangt werden kann, wenn der Auftragnehmer den Mangel zu vertreten bzw. verschuldet hat, anders also als bei den übrigen Mängelansprüchen, die – wie bereits unter altem Recht – dem Wesen der Erfolgshaftung des Werkvertragsrechts verschuldensunabhängig bestehen.[303]

c) Haftungsregime im Vergleich

Bei vergleichender Betrachtung zeigt sich mithin, dass beide Rechtsordnungen dem Grunde nach ähnliche Rechtsinstitute kennen, um die Erfüllung vertraglicher Pflichten zu gewährleisten oder aber deren Verletzung zu begegnen. Insbesondere ist hierbei bemerkenswert, dass die gesetzliche Verankerung des Tatbestandes der Vertragsverletzung in § 280 Abs. 1 S. 1 BGB im deutschen Recht dem Grundgedanken des allgemeinen anglo-amerikanischen Breach of Contract nahe kommt, wenngleich im deutschen Recht – wie oben aufgezeigt – dadurch kein generelles, allgemeines Prinzip verschuldensunabhängiger und garantiegleicher Haftung für Vertragsverletzungen etabliert wird.

Auch dogmatisch begegnet man bei näherer Betrachtung gravierenden Unterschieden. Innerhalb der Systematik der für Bauverträge maßgeblichen speziellen werkvertraglichen Mängelrechte der §§ 633 ff. BGB bildet die Durchsetzbarkeit des ursprünglichen Erfüllungsanspruchs auch nach Schuldrechtsreform die Regelsanktion.[304] Der Gedanke, dass durch den Vertragsabschluss eine im Wege der Specific Performance rechtlich erzwingbare Verpflichtung zur Vertragserfüllung begründet wird, ist eine dem Common Law fremde Vorstellung, was mit gewissen Einschränkungen auch für das amerikanische Recht gilt.[305] Das anglo-amerikanische Recht folgt damit weniger dem Regime von „pacta sunt servanda" als kategorischem Imperativ, als dem wirtschaftstheoretischen Modell des homo oeconomicus, durch monetären Schadenersatz wirtschaftlich sinnvolles Handeln zu motivieren.[306] Dieser Ansatz reicht historisch weit zurück und dürfte auch mit der Abschaffung der Sklaverei und dem zugrunde liegenden 13th Amendment der

---

302 Sienz, Die Neuregelungen im Werkvertragsrecht nach dem Schuldrechtsmodernisierungsgesetz, BauR 2002, Sonderheft 1a, S. 181, 184.
303 Kniffka/Koeble, Kompendium des Baurechts, 6. Teil Rn. 4.
304 Vgl. Zweigert/Kötz, Einführung in die Rechtsvergleichung, S. 482.
305 Zweigert/Kötz, Einführung in die Rechtsvergleichung, S. 477 f., 482.
306 Vgl. Hök, Handbuch des internationalen und ausländischen Baurechts, § 42 Rn. 47 für den Bereich der Vertragsstrafenvereinbarungen.

U.S. Constitution zu erklären sein, wonach niemand zu bestimmten Handlungen gezwungen werden darf, es sei denn als Resultat eines ordentlichen Strafverfahrens.[307]

So mag einerseits die Frage berechtigt sein, ob angesichts dieser unterschiedlichen Ausgangspunkte eine sinnvolle Vergleichung überhaupt möglich ist.[308] Andererseits zeigen Untersuchungen, dass das Common Law und das Deutsche Recht jeweils immer wieder Ausnahmen von ihren Rechtsprinzipien zulassen, so dass die Unterschiede in der Rechtspraxis oftmals geringer sind als anzunehmen.[309]

Dies zeigt sich in dem hier untersuchten Bereich des Bauvertragsrechts etwa durch die erwähnte sorgsame Auslegung selbst schriftlicher Erklärungen bei Bauverträgen, welche Garantien nach Übereinkunft der Parteien kraft der hier besonders ausgeprägten Privatautonomie tatsächlich übernommen wurden.[310] Auf der anderen Seite betreffen im deutschen Recht die Mängelrechte nur einen Ausschnitt aus dem Gesamtkomplex der Pflichtverletzung bzw. Leistungsstörung. Allerdings weist gerade dieser – wie aufgezeigt – in weiten Teilen aufgrund der verschuldensunabhängigen Haftung garantieähnlichen Charakter auf, und zwar unabhängig davon, ob der nach altem Recht etablierte Garantiegedanke in der Dogmatik des erweiterten Leistungsstörungsrechts bei anfänglicher Unmöglichkeit bestehen bleibt oder stattdessen nunmehr § 311a Abs. 1 BGB zur Anwendung gelangt.[311]

Eine Annäherung erfahren die Rechtsordnungen ferner dadurch, dass auch im deutschen Recht beim Bauvertrag in der „Krise" oftmals überhaupt kein Interesse des Bestellers an einer Nacherfüllung durch den Unternehmer mehr bestehen dürfte, sondern an einer kurzfristigen Möglichkeit anderweitig Ersatz für anstehende Arbeiten zu beschaffen, um weitere kostenintensive Verzögerungen im Terminplan bei ungewissem Ausgang eines Streits zu vermeiden. Zudem ist zu berücksichtigen, dass auch im Hinblick auf später erkennbare Mängel hier oftmals ein Interesse an Minderung oder Schadenersatz anstelle Beseitigung durch den zuvor bereits unzuverlässigen Unternehmer bestehen dürfte. So ist der Grundsatz des Vorrangs und der Einklagbarkeit der Nacherfüllung im deutschen Recht zwar als „primärer Rechtsbehelf" konzipiert, wohingegen in der Praxis all-

---

307 Hök, Handbuch des internationalen und ausländischen Baurechts, § 42 Rn. 50.
308 Vgl. Zweigert/Kötz, Einführung in die Rechtsvergleichung, S. 509.
309 Zweigert/Kötz, Einführung in die Rechtsvergleichung, S. 510.
310 Collier, Construction Contracts, S. 6.
311 Vgl. Voit, Änderungen des allgemeinen Teils des Schuldrechts durch das Schuldrechtsmodernisierungsgesetz und ihre Auswirkungen auf das Werkvertragsrecht, in: BauR 2002, Sonderheft 1a, S. 145, 149; Zimmer, Das neue Recht der Leistungsstörungen, in: NJW 2002, S. 1, 3; a. A. Kniffka, ibr-online-Kommentar Bauvertragsrecht, § 631 Rn. 197.

gemein eine Tendenz zur Geltendmachung von Schadenersatz zu beobachten ist. Das gilt insbesondere dort, wo das Ausbleiben einer geschuldeten Leistung durch eine Geldzahlung bei gleichzeitiger Minimierung der Risiken zeitraubender, kostspieliger oder unsicherer Vollstreckung eines Leistungsurteils auf Erfüllung zu kompensieren ist.[312]

Eine weitere Relativierung der Differenz zwischen den Haftungskonzepten ergibt sich daraus, dass bei Rechtsstreitigkeiten in Zusammenhang mit Bauvorhaben Probleme häufig gar nicht rechtlicher Natur, sondern Klärungsbedarfe regelmäßig im tatsächlichen Bereich anzusiedeln sein dürften.[313]

d) Absicherungsinstrumente und Versicherungen

Die Untersuchung der Haftungskonzepte aus der speziellen Perspektive der Vertragserfüllung durch den Bauunternehmer bzw. Auftragnehmer wirft die Frage auf, welche Sicherungsinstrumente oder jedenfalls Versicherungen nach amerikanischem und deutschem Recht für etwaige Ansprüche zur Verfügung stehen, in diesem Zusammenhang aber nicht nur im Hinblick auf Ansprüche des Bauherrn sondern auch des Unternehmers. Denn trotz verschiedener Rechtsbehelfe in beiden Rechtsordnungen, sei es im Hinblick auf die aufgezeigten Leistungsstörungen seitens des Auftragnehmers für Bauleistungen, sei es die vorrangige Verpflichtung des Auftraggebers zur Vergütung von vertragsgemäß erbrachten Leistungen, besteht bei beiden Parteien ein valides Interesse an der Absicherung vorhandener oder möglicher Ansprüche, insbesondere vor dem Hintergrund meist erheblicher finanzieller Investitionen bei Bauvorhaben. Als besondere Gründe hierfür sind seitens der Unternehmer vor allem die jeweiligen gesetzlichen oder vertraglich etablierten Vorleistungspflichten in Bezug auf Bauleistungen[314] und das damit in Zusammenhang stehende Vorfinanzierungsrisiko für Werkleistungen zu sehen. Ferner ist auch das Insolvenzrisiko der Bauherrnschaft hinsichtlich der Vergütung zu nennen. Auf Seiten von Bauherrn besteht vor allem das Bedürfnis von Schutz- und Druckmitteln für die ordnungsgemäße Erfüllung als auch der Absicherung etwaiger Schadenersatzansprüche, selbst bei Zahlungsunfähigkeit des Unternehmers.

---

312 Zweigert/Kötz, Einführung in die Rechtsvergleichung, S. 482.
313 Vgl. Diederichs, Der Bauprozeß und der Bausachverständige, S. 491.
314 Collier, Construction Contracts, S. 26; § 641 Abs. 1 BGB; Kniffka/Koeble, Kompendium des Baurechts, 10. Teil Rn. 1; Hök, Handbuch des internationalen und ausländischen Baurechts, § 42 Rn. 25.

aa) Sicherungsmittel der Bauherrnschaft

In den Vereinigten Staaten bestehen aufgrund Privatautonomie und mangels gesetzlich zwingender Vorschriften theoretisch vielfältige Sicherungsmöglichkeiten. Die größte Bedeutung im Bereich des Eigenheimbaus und darüber hinaus kommen dabei den im Markt etablierten Instrumenten der Vertragserfüllungsgarantie (performance bond) und der Zahlungsgarantie (payment bond) zu. Sie werden von gewerblichen, lizenzierten Versicherungsgesellschaften (surety companies) zugunsten von Bauherrnschaften ausgereicht.[315] Diese, regelmäßig von namhaften Versicherungsgesellschaften zur Verfügung gestellten Vertragserfüllungsgarantien dienen der Absicherung sämtlicher, meist auf finanziellen Ausgleich gerichtete Ansprüche aus Vertragsverletzungen in dem jeweils vereinbarten Umfang, da – wie bereits aufgezeigt – die Gründe für eine Vertragsverletzung nicht systematisch unterschieden werden. Zudem dient sie der Bezahlung der Faktoren Material und Arbeit etwaiger Subunternehmer und Lieferanten.[316] Die ursprüngliche rechtliche Grundkonstruktion ähnelt der Bürgschaft.[317] Die Garantie der Vertragserfüllung hat sich dabei zunehmend zu einem Versicherungsgeschäft entwickelt hat, bei dem die branchenweiten Schadensrisiken als die auf den konkreten Bauunternehmer bezogenen Umstände in die vom Bauunternehmer zu zahlende Prämie eingepreist werden.[318]

Performance Bonds sind regelmäßig dreiseitige Vereinbarungen, bei denen der Sicherungsgeber die Erfüllung der vertraglichen Pflichten durch den Schuldner bzw. Bauunternehmer gegenüber dem Bauherrn garantiert. Der Bauherr erwirbt im Falle einer Vertragsverletzung einen einklagbaren direkten, nicht akzessorischen Anspruch gegen die Surety Company. Sie ist im Haftungsfall eigenständiger Ansprechpartner für Vertragsverletzungen und ihr steht insoweit ein eigenes Prüfungs- und Untersuchungsrecht zur Sache zu.[319] Mithin stellt die Surety Company nach einer zunehmend strengen Risikoprüfung[320] (Triple-C-Test: capi-

---

315 Maxwell, Surety Bonds, in: ASHRAE Journal 2005, Vol. 2, Issue 2, S. 62.
316 Maxwell, Surety Bonds, in: ASHRAE Journal 2005, Vol. 2, Issue 2, S. 62; vgl. Moelmann/Harris, The Law of Performance Bonds, S. 142 ff.; a. A. Hök, Handbuch des internationalen und ausländischen Baurechts, § 42 Rn. 68, wonach Payment Bonds vornehmlich Kaufpreis- oder werkvertragliche Vergütungsansprüche sichern.
317 Hök, Handbuch des internationalen und ausländischen Baurechts, § 42 Rn. 68.
318 Chang, Risky Business, in: Construction Bulletin 2005, vol. 289, Issue 3, S. 10 f.; McIntyre, Today's Surety Market and You, Construction Bulletin 2005, Vol. 289, Issue 3, S. 21.
319 Maxwell, Surety Bonds, in: ASHRAE Journal 2005, Vol. 2, Issue 2, S. 62; Chang, Risky Business, in: Construction Bulletin 2005, Vol. 289, Issue 3, S. 11.
320 Bashford, The State of Construction Suretyship, in: Construction 2005, Vol. 72, Issue 2, S. 13; Zind, Surety Bonds: The New Reality, in EC&M Electrical Construction & Maintenance 2006, Vol. 105, Issue 3, S. 20 f.

tal, capacity, character of firm) dem Bauunternehmer die eigene Bonität als selbstständige Absicherung der Ansprüche des Bauherrn zur Verfügung, wofür der Bauunternehmer an die Surety Company die betreffende Prämie zahlt.[321]

In diesem Kontext obliegt es regelmäßig dem Bauherrn selbst, sich über den Bond- bzw. Versicherungsstatus des Unternehmers (etwa mittels der bereits aufgezeigten Abfragemöglichkeiten bei (Online-)Registern von Bauunternehmern) zu informieren und in den direkten Verhandlungen mit dem Vertragspartner und/oder dessen Versicherung Vorsorge zu treffen.[322]

Grundsätzlich setzt ein Anspruch des Bauherrn auf Bestellung einer Sicherheit für die ordnungsgemäße Vertragserfüllung durch den Unternehmer nach deutschem Recht ebenfalls eine entsprechende Vereinbarung im Sinne der §§ 232 ff. BGB oder etwa § 17 VOB/B voraus.[323] Danach ist zwischen Besteller und Bauunternehmer eine (Sicherungs-) Abrede zu treffen, welche Sicherheit für welchen Zweck und in welcher Höhe zu bestellen ist. Das kann geschehen durch Hinterlegung oder Einbehalt eines betreffenden Geldbetrages oder aber die Bestellung einer entsprechenden Bürgschaft eines Kreditinstitutes als in der Baupraxis wichtigstes Sicherungsmittel.[324]

Diese Situation hat sich zwischenzeitlich partiell, aber bei Abschlagszahlungen gegenüber Verbrauchern grundlegend geändert. Insoweit kommt der neu eingefügte § 632a Abs. 3 BGB zur Anwendung.[325] Danach ist bei Abschlagszahlungen gegenüber Verbrauchern als Vertragspartnerdiesen Sicherheit in Höhe von 5 % des Vergütungsanspruchs zu gewähren. Weitere 5 % fallen an bei nachfolgenden Änderungen des Vergütungsanspruchs um mehr als 10 vom Hundert. Dazu kann der Unternehmer Zahlungseinbehalte gestatten oder er hat bankmäßige Garantien oder Zahlungsversprechen bzw. Bürgschaften zu leisten. Dieser Konstellation wird in der Literatur im Verhältnis zu ihrer großen praktischen Bedeutung bislang offenbar nur teilweise Beachtung geschenkt.[326] Denn Abschlags-

---

321 McIntyre, Today's Surety Market and You, Construction Bulletin 2005, Vol. 289, Issue 3, S. 20.
322 Vgl. *https://fortress.wa.gov/lni/bbip/;* Stand: 13.05.2010; Collier, Construction Contracts, S. 19.
323 Im Einzelnen: Messerschmidt/Voit-Wolff, Privates Baurecht, §§ 631 ff. BGB,I. Teil, M. Rn. 13 ff., 17 f.
324 Schmitz, Sicherheiten für die Bauvertragsparteien, Rn. 3, 6.
325 Vorschrift neugefasst durch das Gesetz zur Sicherung von Werkunternehmeransprüchen und zur verbesserten Durchsetzung von Forderungen (Forderungssicherungsgesetz - FordSiG) vom 23.10.2008, BGBl. I S. 2022 m. W. v. 1.1.2009.
326 Vgl. Messerschmidt/Voit-Wolff, Privates Baurecht, §§ 631 ff. BGB,I. Teil, M. Rn. 17; ebda. Messerschmidt, § 632a Rn. 21, Online: *http://rsw.beck.de/rsw/upload/MesserschmidtVoit/ %C2%A7_632_a.pdf,* Stand: 13.05.2010; Kniffka, ibr-online-Kommentar Bauvertragsrecht, Entwicklung der Gesetzgebung, Rn. 11.

zahlungen sind im Eigenheimbau der Regelfall. So führt die Vorschrift neben dem anzuerkennenden Ziel des Verbraucherschutzes zu steigenden Transaktionskosten und einer Liquiditätsverschiebung zu Lasten des Auftragnehmers, möglicherweise auch zu einer für den Auftragnehmer nachteiligen Verschiebung des Vergütungsrisikos.

Systematisch werden Bürgschaften zugunsten von Bestellern gem. § 632a Abs. 4 BGB und in den zuvor genannten Fällen in Vertragserfüllungs-, Gewährleistungs- und Vorauszahlungsbürgschaften differenziert, je nach Sicherungszweck und Sicherungsabrede im Einzelfall. Hiervon zu differenzieren ist im „bürgschaftsrechtlichen Dreieck" der eigentliche Bürgschaftsvertrag als Sicherungsgeschäft, nach dem sich der Bürge dem Gläubiger der bauvertraglichen Leistung gegenüber zur Haftung für die betreffende Hauptschuld des Unternehmers in der vereinbarten Höhe verpflichtet, § 765 Abs. 1 BGB. Im Innen- bzw. Deckungsverhältnis zwischen Bürgen und Hauptschuldner liegt hier in der Regel eine entgeltliche Geschäftsbesorgung gem. §§ 662, 675 BGB vor, im Falle der genannten Bankbürgschaften der Baupraxis in Form des Avalkredits.[327]

Daneben gibt es auch im deutschen Recht eine Reihe von etablierten Versicherungsprodukten. Der Übergang zwischen Bürgschaft und Versicherungen erscheint hier ohnehin zunehmend fließend, wie Produkte der Kautionsversicherungen verdeutlichen.[328] In Zusammenhang mit Bauvorhaben sind daher Haftpflicht-, Berufs- und Betriebshaftpflichtversicherungen, Bauleistungs-, oder Sachversicherungen bekannte Instrumente für versicherungsmäßigen Schutz. Vergleichsweise neu sind allerdings in der Bundesrepublik die Baugewährleistungs- und die Baufertigstellungsversicherung, für die es bisher nur einen begrenzten Markt gibt.[329]

Im Unterschied zur Bürgschaft verpflichtet sich der Versicherer mit dem Versicherungsvertrag, ein bestimmtes Risiko des Versicherungsnehmers oder eines Dritten durch eine Leistung abzusichern, die er bei Eintritt des vereinbarten Versicherungsfalles zu erbringen hat, § 1 Satz 1 VVG.

Die Baufertigstellungsversicherung sieht einen Direktanspruch des Bauherrn als versicherungsrechtlich Begünstigten im Sinne eines Vertrages zugunsten Dritter vor. Sie zielt jedoch – anders als eine Erfüllungsbürgschaft – nicht auf die

---

327 Quack, Der Eintritt des Sicherungsfalles bei den Bausicherheiten nach § 17 VOB/B und ähnlichen Gestaltungen, in: BauR 1997, S. 754; Thode, Erfüllungs- und Gewährleistungssicherheiten in innerstaatlichen und grenzüberschreitenden Bauverträgen, in: ZfIR 2000, S. 166, 169; Schmitz, Sicherheiten für die Bauvertragsparteien, Rn. 6.
328 Vgl. Vosberg, Die Kautionsversicherung in der Insolvenz des Unternehmers, S. 968.
329 Voit, Neue Versicherungsformen am Bau – Die Baufertigstellungs- und die Baugewährleistungsversicherung, in: BauR 2007, S. 235; Ingenstau/Korbion-Kratzenberg, VOB, § 13 Nr. 7 Rn. 146; Meier, Bauversicherungsrecht, Kap. I I.1.

rechtzeitige und vollständige Erbringung der Werkleistung, sondern vornehmlich auf die Abdeckung des Risikos der Insolvenz des Bauunternehmers im Schadensfall ab. Im Vergleich zur Bürgschaft weist sie dabei regelmäßig einen höheren Deckungsumfang auf.[330]

Im Unterschied zur Vertragserfüllungsbürgschaft dient die Gewährleistungsversicherung der Absicherung möglicher Mängelansprüche.[331] In Abweichung zur Gewährleistungsbürgschaft sind nur die Mangelbeseitigungskosten einschließlich erforderlicher Vor- und Nacharbeiten sowie der Mangelfeststellungskosten abgedeckt, nicht aber Schadensersatzansprüche wegen der Mängelbeseitigung oder Folgeschäden.[332]

Inhaltlich ist die Gewährleistungsversicherung im Hinblick auf die Mängelhaftung dabei nicht als Sach-, sondern ähnlich der Haftpflichtversicherung ausgestaltet.[333] Sie zielt auf die Einstandsverpflichtung des Bauunternehmers im Zuge seiner Pflicht zur Beseitigung von Mängeln ab und bewegt sich damit im System der Nacherfüllung gem. §§ 634 Nr. 1, 635 BGB als modifiziertem Erfüllungsanspruch. Sie bewirkt neben der Verwirklichung des Erfüllungsanspruchs und im Vergleich zur Baufertigstellungsversicherung insoweit auch eine Absicherung des Ausfallrisikos.[334] Relativiert wird das allerdings insoweit, als der Versicherungsschutz bisher anbieterseitig auf die Inanspruchnahme des Versicherungsnehmers aus Nacherfüllung auf die nach Abnahme entstandenen Mängelansprüche beschränkt ist.[335]

Dennoch ist diese Entwicklung aus rechtsvergleichender Perspektive bemerkenswert. Denn die Vertragserfüllungsgarantie eines Versicherungsunternehmens als traditionelle Absicherungsmöglichkeit für Auftraggeber im amerikanischen Recht entspricht unabhängig vom vertraglichen Konstrukt jedenfalls funktional der Kombination aus Baufertigstellungs- und Baugewährleistungsversicherung, wenn auch nicht beschränkt auf die vornehmliche Absicherung gegen die Insolvenz des Bauunternehmers. Zu berücksichtigen ist deshalb bei den in der Bundesrepublik zu erlangenden Baufertigstellungs- und Baugewährleistungsversiche-

---

330 Voit, Neue Versicherungsformen am Bau – Die Baufertigstellungs- und die Baugewährleistungsversicherung, in: BauR 2007, S. 239; vgl. Ingenstau/Korbion-Joussen, VOB, § 17 Nr. 4 Rn. 5; Locher, Das private Baurecht, Rn. 682; Werner/Pastor, Baurecht von A– Z, Rn. 1252.

331 Voit, Neue Versicherungsformen am Bau – Die Baufertigstellungs- und die Baugewährleistungsversicherung, in: BauR 2007, S. 244.

332 Voit, Neue Versicherungsformen am Bau – Die Baufertigstellungs- und die Baugewährleistungsversicherung, in: BauR 2007, S. 245, Locher, Das private Baurecht, Rn. 682.

333 Beckmann/Matusche-Beckmann-von Rintelen, Versicherungsrechts-Handbuch, § 36 Rn. 101.

334 Meier, Bauversicherungsrecht, Kap. I I.1.

335 Meier, Bauversicherungsrecht, Kap. I II.1.

rungen, dass diese, neben weiteren Einschränkungen im Versicherungsumfang,[336] gerade keinen der Vertragserfüllungsgarantie nach amerikanischen Recht vergleichbaren Schutz der originären Vertragserfüllungsverpflichtung bieten.

Bemerkenswert ist aber auch, dass diese Entwicklung verhältnismäßig spät im deutschen Recht als verbraucherschützendes Sicherungsinstrument Fuß zu fassen beginnt.[337] Beispielsweise existieren ähnliche Versicherungsprodukte nicht nur im angelsächsischen Raum, sondern bilden auch in kontinentaleuropäischen Rechtsordnungen bereits etablierte Bestandteile. So besteht etwa im französischen Recht seit 1978 die zwingend notwendige Garantie-Gewährleistungsversicherung (assurance R.C. décennale) für die 10-jährige Mängelhaftung der Hersteller von Bauwerken gem. Art. 1792-1 Code Civil sowie die Garantie ordnungsgemäßer Erfüllung gem. Art. 1792-6 II Code Civil.

Im Rahmen einer wertenden Stellungnahme sind hier sicherlich Kosten und Nutzen sowie die Parteiinteressen im Einzelfall abzuwägen: Kritisch zu werten sind hierbei vor allem die Einschränkungen des Versicherungsumfangs wie fehlende Absicherung von Verzögerungsschäden, Schadensersatzansprüchen und Mangelfolgekosten und die im Vergleich zum amerikanischen Recht starke Fokussierung auf das Insolvenzrisiko. Demgegenüber handelt es sich – jenseits des komplexen Bürgschaftsrechts – um einfach zu handhabende und kalkulatorisch sowie praktisch standardisierbare Sicherungsmöglichkeiten mit einem regelmäßig höheren Deckungsbetrag als bei einer vergleichbaren Bürgschaft. Im Falle der Baugewährleistungsversicherung bleibt zum einen die Liquidität des Bauunternehmers im Versicherungsfall gewahrt, es besteht also kein Anlass für den Bauunternehmer Nacherfüllung aus finanziellen Gründen zu unterlassen,[338] zum anderen tritt keine unmittelbare Belastung der Kreditlinie wie bei Bankbürgschaften durch die verbundenen Avalkredite ein.

Vorteilhaft für beide Parteien dürfte sich ferner auswirken, dass mit diesen Versicherungen, ähnlich wie im amerikanischem Recht, regelmäßig proaktive Qualitätskontrollen des Versicherers im Hinblick auf die Werkleistungen und die generelle Zuverlässigkeit des Bauunternehmers verbunden sind, mag der Bauherr direkt von Begutachtungen in diesem Zusammenhang profitieren oder mangels Leistungsnähe nur mittelbar.[339] Zudem kann sich ein Bauunternehmer sowohl

---

336 Im Einzelnen: Voit, Neue Versicherungsformen am Bau – Die Baufertigstellungs- und die Baugewährleistungsversicherung, in: BauR 2007, S. 238 ff.

337 Voit, Neue Versicherungsformen am Bau – Die Baufertigstellungs- und die Baugewährleistungsversicherung, in: BauR 2007, S. 235 f.

338 Voit, Neue Versicherungsformen am Bau – Die Baufertigstellungs- und die Baugewährleistungsversicherung, in: BauR 2007, S. 243, 245.

339 Vgl. Voit, Neue Versicherungsformen am Bau – Die Baufertigstellungs- und die Baugewährleistungsversicherung, in: BauR 2007, S. 244.

aufgrund von Selbstbehalten und Kündigungsmöglichkeiten im Sinne eines Aussortierens unfähiger Auftragnehmer seitens der Versicherung nicht gänzlich auf bestehenden Versicherungsschutz zurückziehen,[340] sondern ist auch ohne gesetzliche (verbraucherschützende) Regularien anreizkompatibel zur ordnungsgemäßen Leistungserbringung angehalten.

Resümierend ist hier festzuhalten, dass sich im für Bauvorhaben bedeutsamen Bereich der Sicherungsinstrumente für Besteller von Einfamilienhäusern mit den amerikanischen Performance bzw. Payment Bonds und den neueren Entwicklungen im deutschen Recht mit der Baufertigstellungs- und Baugewährleistungsversicherung erstaunliche Parallelen ergeben. Der Sicherungsumfang ist im amerikanischen Recht innerhalb der Systematik der amerikanischen Vertragsverletzung allerdings wesentlich umfassender, soweit eine angemessene Deckungshöhe vereinbart ist.

bb) Sicherungsmittel des Unternehmers

Vereinbarungen über Voraus-, Teil- und Abschlagszahlungen, die das Vergütungsrisiko abzufedern vermögen, bedürfen nach amerikanischem Recht im Kontext der gewährten Privatautonomie ebenso wie die Absicherung von Bauherren einer ausdrücklichen Vereinbarung der Parteien.[341]

Spiegelbildlich zu den Vertragserfüllungsgarantien bestehen hier Möglichkeiten versicherungsrechtlicher Erfüllungsgarantien auf Seiten von Bestellern (owner's performance bonds). Allerdings haben sich diese soweit ersichtlich un- dabgesehen von Projekten mit öffentlichen Auftraggebern nicht weiter im Markt etabliert.[342]

Eine Absicherung können Werkunternehmer im amerikanischen Recht neben Vereinbarungen über bestimmte Vergütungsmodalitäten aufgrund entsprechender Gesetze in nahezu jedem der Bundesstaaten vor allem über Grundpfand- bzw. Werkunternehmerpfandrechte (liens/mechanic's liens) erlangen.[343] Danach entsteht aufgrund von erbrachten Arbeiten an einem Grundstück per Gesetz ein Recht auf Eintragung eines Werkunternehmerpfandrechts im betreffenden Pfandrechtsregister (recorder's office), das bei Feststellung eines begründeten Anspruchs notfalls mittels Zwangsversteigerung gerichtlich durchgesetzt werden

---

340 Vgl. Fields/Fields, Your New House, S. 173, 176.
341 Collier, Construction Contracs, S. 19, 341 ff.; Hök, Handbuch des internationalen und ausländischen Baurechts, § 42 Rn. 26.
342 Collier, Construction Contracs, S. 19.
343 Hök, Handbuch des internationalen und ausländischen Baurechts, § 42 Rn. 64 m. w. N.; Collier, Construction Contracs, S. 19; vgl. Art. 9 UCC.

kann.[344] Das gilt etwa bei Errichtung eines Gebäudes und ggf. auch ohne direkte vertragliche Beziehungen wie etwa bei der Einschaltung von Subunternehmern. Auch eine Trennung in Erkenntnis- und Vollstreckungsverfahren findet hierbei nicht statt.[345] Die Effektivität des Werkunternehmerpfandrechts nach amerikanischem Recht beruht dabei vor allem auf dem Umstand, dass dieses bei Eintragung und je nach Bundesstaat den anderen Grundstücks- bzw. Grundpfandrechten bei einer Vollstreckung regelmäßig vorgeht (im Common Law werden über 30 Rechte und Belastungsformen an Grundstücken anerkannt).[346]

Im deutschen Recht regeln die §§ 647, 648 und 648a BGB die Möglichkeiten der Sicherung von Unternehmern, wobei das Unternehmerpfandrecht des § 647 BGB kraft Gesetzes entsteht. § 648 verschafft einen Anspruch auf Einräumung einer Sicherungshypothek und § 648a BGB gewährt dem Unternehmer lediglich ein Leistungsverweigerungs- oder Kündigungsrecht, wenn keine Sicherheit zur Verfügung gestellt wird.[347]

Das Unternehmerpfandrecht aus § 647 BGB ist für Bauverträge allerdings zumeist bedeutungslos, da die Herstellungsverpflichtung des Bauunternehmers in der Regel keine beweglichen Sachen betrifft.[348] Die Sicherungshypothek des Bauunternehmers ist zwar ein traditionelles Sicherungsmittel im deutschen Recht, verliert aber zunehmend an Bedeutung, da sie wie das amerikanische Mechanic's Lien eine erbrachte Leistung voraussetzt, ein Bauunternehmer im Regelfall seine Ansprüche aber erst sichert, wenn Zahlungsschwierigkeiten auftreten und diese in der Praxis aufgrund vorrangiger Sicherungsrechte finanzierender Banken zumeist keine Befriedigungschance bieten. Sicherungshypotheken erweisen sich daher in der Praxis zumeist nur als taugliches Druckmittel gegenüber zahlungsfähigen aber -unwilligen Bestellern.[349]

Nach § 648a Abs. 1 Satz 1 BGB, der für Werkverträge über die Errichtung von Bauwerken anwendbar ist, kann ein Werkunternehmer im Sinne des § 631 BGB Sicherheit verlangen für die von ihm zu erbringenden Vorleistungen. Denn die Fälligkeit der Vergütung tritt gem. § 641 Abs. 1 Satz 1 BGB erst nach Abnahme des zu errichtenden Werkes ein. Unabhängig von der generellen Kritik an dieser Regelung ist vorliegend allerdings das „Häuslebauer"-Privileg des

---

344 Zu den Mechanismen im Einzelnen: Collier, Construction Contracts, S. 19 f.; Hök, Handbuch des internationalen und ausländischen Baurechts, § 42 Rn. 66 f.
345 Hök, Handbuch des internationalen und ausländischen Baurechts, § 42 Rn. 67.
346 Collier, Construction Contracts, S. 19; Hök, Handbuch des internationalen und ausländischen Baurechts, § 42 Rn. 67.
347 BGH, NJW 2001, S. 822, 823.
348 Vgl. RGZ 55, S. 284; 87, S. 51.
349 Schmitz, Sicherheiten für die Bauvertragsparteien, Rn. 327 f.

§ 648a Abs. 6 Nr. 2 BGB zu berücksichtigen.[350] Danach sind natürliche Personen, die Bauarbeiten zur Herstellung oder Instandsetzung eines Einfamilienhauses ausführen lassen, vom Anwendungsbereich der Norm ausgeklammert. Mithin besteht für den hier untersuchten Bereich des Eigenheimbaus im deutschen Recht keine gesetzliche Absicherung des Bauunternehmers. Die Annahme des Gesetzgebers, dass in diesem Segment ein zuweilen einmaliges Bauprojekt von hoher persönlicher Tragweite solide finanziert wird, ist zu bezweifeln.[351]

Somit ist ein Bauunternehmer auf die mögliche Vereinbarung vertraglicher Sicherheiten bei Vertragsschluss verwiesen, da das Abweichungsverbot des § 648a Abs. 7 BGB ausdrücklich nur für die Abs. 1 bis 5 gilt. Allerdings erscheint es fraglich, ob hiervon beispielsweise auch ein AGB-mäßiger Ausschluss von § 648a Abs. 6 Nr. 2 BGB getragen würde.

Aus vergleichender Sicht ergibt sich damit die überraschende Erkenntnis, dass gerade im amerikanischen Recht Bauunternehmern mit den Mechanic's Liens stets ein gesetzlich zwingendes Sicherungsrecht zur Verfügung steht. Hierbei ist die rechtliche Konstruktion der deutschen Sicherungshypothek vergleichbar, allerdings mit der vorgesehenen Vorrangigkeit gegenüber anderen Rechten an Grundstücken. Mechanic's Liens bieten effektive Vollstreckungsmöglichkeiten mit einem standardisierten Verfahrensablauf. Dies mag geschichtlich damit zu begründen sein, dass ursprünglich bei dieser aus dem ausgehenden 18. Jahrhundert stammenden Rechtsfigur vor allem „einfache" Handwerker, Gesellen und Arbeiter eine Absicherung ihres Lohnanspruchs erhalten sollten. Dieser Ansatz ist unabhängig von der Industrialisierung und den dadurch bedingten Veränderungen des Marktes pragmatisch beibehalten worden.

Die Regelungen im deutschen Recht resultieren demgegenüber aus einem verbraucherpolitischen Spannungsfeld. Danach ist der private „Häuslebauer" als Verbraucher dem Werkunternehmer gegenüber nicht generell in einer schwächeren Position zu sehen.[352] Umgekehrt kann sich gerade der einzelne Handwerker nicht nur, aber besonders, gegenüber großen Bauträgern und Wohnungsbauunternehmen in einer schutzbedürftigen Position befinden. Hierbei sollte er mit den Mitteln des § 648a BGB ausgestattet werden.[353] Im Ergebnis hat dies allerdings im deutschen Recht zu einer insgesamt komplizierten Systematik der Vorschrif-

---

350 Kniffka, ibr-online-Kommentar Bauvertragsrecht, § 648a Rn. 8.
351 Vgl. Stellungnahme des Bundesrats zum Entwurf des Bauhandwerkersicherungsgesetzes vom 13.12.1991, Bt-Drucks. 12/1836, S. 13; Schmitz, Sicherheiten für die Bauvertragsparteien, Rn. 247.
352 Gegenäußerung der Bundesregierung zur Kritik des Bundesrats, BT-Drucks. 12/1836, S. 17.
353 Beschlussempfehlung des Rechtsausschusses, BT-Drucks. 12/4526, S. 12; vgl. BT-Drucks. 12/1836, S. 17; vgl. ferner den Gesetzentwurf des Bundesrates vom 02.02.2006, BT-Drucks. 16/511, der diese Grundentscheidung im Wesentlichen unberührt lässt.

ten geführt, was ein Grund für die vergleichsweise geringe Anwendung der Möglichkeiten des § 648a BGB sein mag.[354]

Aus vergleichender Sicht ist damit für die Absicherung gegenseitiger Ansprüche aus Bauverträgen als besonders relevanten Bereich der Baupraxis abschließend festzuhalten, dass nach beiden Rechtsordnungen prinzipiell vergleichbare Absicherungsmöglichkeiten bestehen. Im amerikanischen Recht existieren mit Performance Bonds und Mechanic's Liens Instrumente, die für die jeweiligen Vertragsparteien eine umfassende, aber auch effiziente Absicherung vorsehen, was gegenwärtig für das deutsche Bauvertragsrecht im Bereich des Einfamilienhausbaus – wie aufgezeigt – so weder uneingeschränkt auf Besteller noch auf die Unternehmerseite zutrifft.

IV. Strukturelle Probleme bei traditionellen Bauverträgen

Der klassische, moderne Bauvertrag nach dem Recht der Vereinigten Staaten oder der Bundesrepublik, dort möglicherweise in der besonderen Gestalt eines VOB-Vertrages, umreißt letztlich nur einen bestimmten, wenngleich bedeutenden Abschnitt des wirtschaftlichen Gesamtprozesses „Bauen" durch die Zuordnung der Rechte und Pflichten der Vertragspartner in Zusammenhang mit der Ausführung der bestimmten Bauleistungen. Er ist formal-rechtlich isoliert von den vor- und nachgelagerten Ereignissen und Handlungen. Das betrifft insbesondere etwa den Grundstückserwerb, die Finanzierung und Planung und den Bezug sowie die Nutzung und den Unterhalt der fertig gestellten Immobilie. Diese Elemente stellen für Bauherren einen einheitlichen Lebenssachverhalt dar. Treten Störungen auf einer dieser Ebenen auf, kann dies das Gesamtgeschehen erheblich beeinträchtigen und den Laien als Bauherren vor große Herausforderungen stellen.

Aus ökonomischer Perspektive ist diese Bestandsaufnahme im amerikanischen wie deutschen Recht konsequent: Historisch hat sich – wie bereits dargelegt – eine Entwicklung vom ursprünglich hauptverantwortlichen „Baumeister" bzw. Master-Builder nicht weiter generalisierend fortgesetzt, sondern es hat sich unter den Einflüssen der Industrialisierung ein Wandel hin zum spezialisierten Unternehmer für bestimmte Gewerke, verbunden mit einer Separation von Planung und Ausführung und damit ein Prozess vertikaler Separation vollzogen. Eine Vielzahl an Generalunternehmen scheinen heute mehr eine Schnittstellenfunktion und Position als Know-How-Träger bzw. -dienstleister im Hinblick auf Gesamtbaupro-

---

354 Vgl. Kniffka, ibr-online-Kommentar Bauvertragsrecht, § 648a Rn. 6; Schmitz, Sicherheiten für die Bauvertragsparteien, Rn. 218.

zesse wahrzunehmen. Dies ist aber der wirtschaftliche Gegenpol zu einem Auftreten als vertikal integriertem Leistungsverantwortlichen.

Wird der Fokus auf Planung und Ausführung des eigentlichen Baugeschehens im engeren Sinn konzentriert, ergibt sich auch dort aus dem unvollständig triangulären bzw. multilateralen Vertragsgeflecht zwischen Bauherr, Architekt und jeweils ausführenden Auftragnehmern ein Spannungsfeld an Loyalitätskonflikten mit divergierenden und mitunter gegenläufigen Interessen oder aber Pflichten, die sich gegenseitig neutralisieren können.[355] Denn die Planung und Ausführung von Bauarbeiten bergen erhebliche wirtschaftliche Risiken, die oftmals nicht ohne Weiteres – dies lässt sich anhand zahlreicher Beispiele einer je kautelarrechtlich geprägten Rechtsprechung belegen – dem ein oder anderen Pflichtenkreis zuzuordnen sind. Dieser weist je für sich genommen bereits erhebliches Konfliktpotential auf. Entsprechend gilt der Allokation der verbundenen Risiken im Rahmen der Vertragsgestaltung von Architekten- und Bauverträgen ein ganz wesentliches Augenmerk.[356]

Insoweit begegnen amerikanisches und deutsches Recht identischen Herausforderungen. Denn diese sowie die nachfolgend im Einzelnen anhand des amerikanischen Rechts dargestellten Einwände treffen übertragbar auch auf die klassische bauvertragliche Konstellation im deutschen Recht zu, was sich ohne weitere spezifische Belege bereits anhand der dargestellten strukturellen Entsprechungen und Ergebnisse der vergleichenden Betrachtung zu den bauvertraglichen Grundzügen ableiten lässt.

1. Der Architekt als fachkundiger Sachwalter des Bauherrn – Bauvertragliche Agency-Problematik

Das Hinzuziehen von Architekten und Ingenieuren als fachkundige Interessenvertreter birgt spezifische Risiken. Die rechtstechnische und praktische Gestaltung solcher baurechtlicher Principle-Agent-Beziehungen, insbesondere der Umfang der Vertretungsmacht, ist daher Gegenstand vieler baurechtlicher Streitigkeiten.[357] Zu Konflikten kann es bei traditionellen Vertragskonstellationen insbesondere in zweifacher Hinsicht kommen: Ein Architekt vertritt aufgrund eigenwirtschaftlicher Interessen die Interessen seines Prinzipals nur unzureichend. Des Weiteren versuchen Bauunternehmer, das Handeln des Architekten oder Inge-

---

355 Hertwig, Privates Baurecht, S. 4.
356 Vgl. Bockrath, Contracts and the Legal Environment for Engineers and Architects, S. 103; Samuels, Construction Law, S. 7.
357 Samuels, Construction Law, S. 4, 28 f.; vgl. Massachusetts Bonding and Insurance Co. v. Lentz, 9 P.2d 408 (Ariz. S.C. 1932).

nieurs als vermeintlich fehlerhaftes Vertreterhandeln unmittelbar auf den Bauherrn zu verschieben, um dessen Haftung auszuweiten und eigene Haftung (zumindest partiell) zurückzuweisen.[358] Dies ist etwa dann der Fall, wenn ein Architekt z. B. besondere Präsenz am Bauvorhaben selbst zeigt, direktiv in Arbeitsabläufe eingreift und Kenntnis von eigenmächtigen Abweichungen der Ausführung gegenüber der ursprünglichen Planung erlangt. Im Hinblick auf ein mögliches Mitverschulden kann sich ferner nachteilig auswirken, wenn er Arbeiten als erfüllt abnimmt, die sich in der Folge als mangelhaft erweisen oder aber rechtlich besondere Beratungs- und Aufklärungspflichten aufgrund spezifischer, mit seiner Profession und Zulassung verbundene Sachkenntnis hat.[359]

Umgekehrt sind natürlich auch Architekten durch ihr tatsächliches Verhalten um eine entsprechende Exkulpation zu Lasten des Unternehmers oder aber auch des Bauherrn bemüht.[360] Eine solche auf Haftungsvermeidung und -minimierung ausgerichtete Haltung führt zu einem insgesamt gestörten oder verminderten Informationsaustausch und Kommunikationsdefiziten der beiden für den Erfolg eines Bauvorhabens wesentlichen Parteien.[361] Mithin können mit dem Abschluss oder in der Folge zahlreicher Bauprojekte quasi-gegnerische Beziehungen (adversial relationships) insbesondere zwischen Unternehmern und Planern zu Lasten des Bauherrn entstehen.[362]

Weiterhin besteht im Rahmen von Bauvorhaben die praktische Schwierigkeit, den Umfang und die Grenzen an Kompetenzen und bestehender Vertretungsmacht des jeweiligen Agenten zu ermitteln und damit den Umfang des Handelns, den sich der Bauherr nach den Principles of Agency und nach Zurechnungsgesichtspunkten oder Rechtsscheintatbeständen als für ihn bindend zurechnen lassen muss.[363]

2. Exakte Leistungsbeschreibung - Qualifications

Abhängig vom jeweiligen Bauvorhaben und den Umständen im jeweiligen Einzelfall ist die exakte Bestimmung der zu erbringenden Leistung entscheidend für die Beurteilung der Frage, ob überhaupt ein durchsetzbarer Anspruch bzw. eine

---

358 Massachusetts Bonding and Insurance Co. v. Lentz, 9 P.2d 408 (Ariz. S.C. 1932); Samuels, Construction Law, S. 25 f.
359 Vgl. Sweet, Legal Aspects of Architecture, Engineering, and the Construction Process, S. 332.
360 Sweet, Legal Aspects of Architecture, Engineering, and the Construction Process, S. 313.
361 Sweet, Legal Aspects of Architecture, Engineering, and the Construction Process, S. 333.
362 Vgl. zu diesem Themenkomplex ferner: Twomey, Understanding the Legal Aspects of Design/Build, S. 39.
363 Vgl. Sweet, Legal Aspects of Architecture, Engineering, and the Construction Process, S. 333.

durch Angebot und Annahme (offer and acceptance; meeting of the minds) begründete Forderung vorliegt.[364]

In der Regel enthalten auch Vertragsunterlagen im Eigenheimbau bereits Planungszeichnungen (die contract drawings, die die zukünftige Gestalt des Bauwerks technisch und optisch entscheidend vorgeben und auf denen der Bauvertrag maßgeblich beruht[365]), eine mehr oder weniger detaillierte Baubeschreibung, allgemeine Vertragsbedingungen sowie beispielsweise spezielle Vereinbarungen zu Lieferterminzusagen oder entsprechende Zahlungsversprechen. Aus diesem Gesamtkomplex ist, wie bereits dargestellt, schließlich erst das Leistungssoll des Bauunternehmers zu ermitteln, welche Arbeiten wie auszuführen sind sowie welcher Qualität die zu verwendenden Materialien und fachgerechten Ausführungen entsprechen müssen.[366] Dies ist ein konfliktträchtiges Feld für die ex-post gestellten Fragen, was genau geschuldet war und ob diese Leistung vertragsgerecht und mangelfrei erbracht wurde bzw. auf der Basis einer ordnungsgemäßen Planung überhaupt zu erbringen war.[367]

3. Trennung von Planung und Ausführung

Ein weiterer Aspekt, der über die Gefahr von Adversial Relationships hinausgeht, betrifft die Wirtschaftlichkeit der Trennung von Planung und Ausführung. Im traditionellen Geflecht ist die immanente Obligo des Bauherren aufzufinden, die regelmäßig anzutreffenden multilateral-vertraglichen Leistungen des Baugeschehens zu koordinieren, um jedem Auftragnehmer oder Lieferanten ordnungsgemäße Erfüllung seines Gewerkes oder seiner Materiallieferung zu ermöglichen.[368]

Eine Aufgabe, die eine für Laien schwer zu erfüllende Anforderung darstellen dürfte. Sie ist zwar vertraglich auf Architekten oder etwa Baubetreuer zu delegieren, bringt aber als Kostenfaktor auch entsprechende Vergütungsansprüche mit sich, wobei mögliche Konzentrationssynergien gerade im administrativen Dienstleistungsbereich für den Bauherren im privaten Eigenheimbau aufgrund des singulären Charakters des Projektes schwer zu realisieren sind.

---

364   Vgl. Samuels, Construction Law, S. 4, 13; Hinze, Construction Contracts, S. 22 f.
365   Hinze, Construction Contracts, S. 121 f.
366   Bockrath, Contracts and the Legal Environment for Engineers and Architects, S. 107.
367   Vgl. Trustees of Indiana University v. Aetna Cas. & Sur. Co., 920 F.2d 429 (7th Cir.1990); Teufel v. Wienir, 68 Wash.2d 31, 411 P.2d 151 (1966); Sweet, Legal Aspects of Architecture, Engineering, and the Construction Process, S. 459.
368   Einzelheiten zu Subunternehmerkonstruktionen und den spezifischen Problemen: Hinze, Construction Contracts, S. 234 ff., S. 13 f. zur sogenannten „Separate Contracts Method".

Aufgrund der Trennung von Planung und Ausführung (und zuweilen der weiteren Untergliederung auf der Ebene der Bauausführung) garantiert keiner der Betreffenden den Erfolg des Projektes insgesamt, sondern haftet originär nur für die vertragsgemäße Erfüllung der eigenen Verpflichtungen.[369]

Dass diese Einwände im Großen und Ganzen gleichermaßen auf die klassische bauvertragliche Konstellation im deutschen Recht zutreffen ergibt sich ohne Weiteres aus den bisherigen Ergebnissen des Vergleichs der Grundstrukturen.

Problematisch erscheint diese Konstellation gerade im Hinblick auf die wirtschaftlich erheblichen Risiken einer eigenen Haftung und den damit verbundenen Vermeidungsstrategien, denen jenseits von adversial relationships die zügige und zweckgerichtete Verwirklichung des Gesamtprojektes möglicherweise untergeordnet werden mag. Anreizkompatible Momente wären demgegenüber gerade auf eine echte Win-Win-Situation hin verpflichtete gleichlaufende Interessen im Hinblick auf eine möglichst kurze Umsetzungsphase.

4. Bauwirtschaftliche Prozessabläufe – Straight-Line

In engem Zusammenhang mit der Betrachtung der möglichen ökonomischen Folgen widerstreitender Interessen bei der Trennung von Planung und Ausführung und den immanenten Verzögerungsrisiken sind die Bauprozessabläufe zu sehen. Schließlich bilden optimierte Verfahren bei dem prinzipiell vergleichbaren Produkt „Haus" eine tragende Säule von insgesamt marktgerechten Kostenstrukturen innerhalb eines traditionell umkämpften und in den beiden Vergleichsrechtsordnungen demografisch schrumpfenden Marktes.

Je weniger automatisiert bzw. je handwerklicher in diesem Kontext die auszuführenden Tätigkeiten ausgeprägt sind – wie dies trotz der Industrialisierungsansätze in der betrachteten Branche überwiegend der Fall sein dürfte – desto höhere Bedeutung erlangen hier besonders Personalkosten und deren Struktur. Bedeutsam werden hier zudem die zeitabhängigen Zwischen- und Refinanzierungsgesichtspunkte durch das Vorleistungsrisiko der Werkunternehmer sowohl nach deutschem als auch amerikanischem Recht.

Eine wesentliche Dimension der wirtschaftlichen Analyse und Optimierung von Prozessen ist daher der limitierende Faktor Zeit. Folglich sind erhebliche ökonomische Prozess- wie Transaktionskostenreduktionen allein durch eine

---

369 Halpin/Woodhead, Construction Management, S. 62; Sweet, Legal Aspects of Architecture, Engineering, and the Construction Process, S. 312.

Straffung der zeitlichen Abläufe zu erreichen.[370] Daran haben jedoch unter Umständen nicht alle Beteiligten aufgrund der dargestellten jeweiligen Haftungsrisiken ein gleichermaßen großes Interesse.

Fraglich ist deshalb im Hinblick auf die Verkürzung von Abläufen, welche bauwirtschaftlichen Prozesse den gängigen Modellen zugrunde liegen, um in einem späteren Schritt zu untersuchen, welche Potentiale hier eventuell auszuschöpfen sind.

Wird der status quo betrachtet, so folgen den gängigen Strukturen – wiederum gleichermaßen im deutschen wie amerikanischen Recht – regelmäßig auch traditionelle Abläufe (traditional straight line).[371] Denn der traditionelle Bauablauf basiert unabhängig von genehmigungsrechtlichen Aspekten darauf, dass prinzipiell der jeweilige Architekt die Planung für die betreffende Leistungsphase insgesamt abschließt. Die auszuführenden Leistungen werden im Anschluss oft gewerkweise vergeben oder ausgeschrieben. Erst mit Erteilung des Auftrags bzw. Zuschlagsbeginnt die jeweilige Ausführungsphase.

Spätestens ab diesem Zeitpunkt bedarf es für komplexere Bauvorhaben wie der Errichtung eines Wohngebäudes regelmäßig einer professionellen Koordination von aufeinander aufbauenden Gewerken. Aus Schadensersatz-/Gewährleistungssicht wird es bei Einzelaufträgen und -vergaben nötig, die Verantwortlichkeiten der jeweiligen Auftragnehmer durch Abnahmen und Überprüfungen der Leistungsergebnisse zu differenzieren. Bei einer Vielzahl von Auftragnehmern sind folglich eine ganze Reihe von Schnittstellenproblemen zu beherrschen.[372]

V. Zwischenergebnis

Es erscheint nur konsequent, dass jenseits der vergleichenden Betrachtung der traditionellen bauvertraglichen Leistungsgeflechte und festgestellten zahlreichen rechtlichen Schnittmengen, sich vergleichbare praktische Auswirkungen bei konzeptionellen und bauökonomischen Zusammenhängen zeigen. Denn weder Planung noch Ausführung von Bauvorhaben – hier anhand des Eigenheimbaus – sind wegen des einheitlichen Lebenssachverhaltes „Bauen" ökonomisch und

---

370 Vgl. Hoyt, Package Deal, in: Architectural Record 1993, S. 36; vgl. zu Factory-Built-Projekten Stephen Winter Associates (Hrsg.), A Community Guide to Factory-Built Housing, S. 12, 17.
371 Birnberg, Project Management, S. 191 ff.
372 Vgl. Sweet, Legal Aspects of Architecture, Engineering, and the Construction Process, S. 328.

rechtlich vollumfänglich zu separieren. Dennoch gebietet die Analyse von Einzelfragen selbstverständlich auch eine differenzierte Betrachtung.

Indem prinzipiell vergleichbare Rechtsmechanismen im amerikanischen und deutschen Recht vorhanden sind und wirken, so spiegeln sich auch deren Schwächen: Im Mehrparteienverhältnis zwischen Architekt, Bauherr und ausführenden bzw. ausführendem Unternehmen sind nicht nur übergeordnete öffentliche Interessen (im amerikanischen und deutschen Recht mit je von unterschiedlicher Intensität), sondern auch bzw. gerade die multilateralen Interessen der Beteiligten in Ausgleich zu bringen.

Hinzu kommt die ohnehin komplexe Realisierung von Bauvorhaben, die damit verbundene Informationsasymmetrie der Vertragspartner und die ungleiche Verhandlungsmacht. Der Erwerbsvorgang bzw. Leistungserfolg besteht nicht in einem „Stück" Haus sondern der Summe der fachgerecht erbrachten und zuvor definierten völlig unterschiedlichen Gewerke, verbunden mit der ex-post-Analyse, ob der geschuldete/ vereinbarte Leistungserfolg eingetreten ist.

Weiterhin erscheint fraglich, ob die traditionellen Abläufe noch den hybriden Anforderungen öffentlicher Pflichten und privater Interessen bei gleichermaßen prozessoptimierten und anreizkompatiblen Bauabläufen innerhalb eines insgesamt handwerklichen Gepräges gerecht werden.

C. Package Deals – Bauvertragliche Leistungspakete im amerikanischen Recht

Die vorgenannten Problemstellungen sowie die permanente Entwicklung neuer Baustoffe, Methoden und Standards, die zunehmende Komplexität bei Bauprojekten, die ausdifferenzierten Haftungsmaßstäbe zu den Schnittstellen von Design bzw. Planung und Bauarbeiten verlangen den Beteiligten ein hohes Maß an Sachkenntnis und Fertigkeiten ab. Gerade dieser Trend führte im angloamerikanischen Rechtskreis bereits vor mehr als 20 Jahren zur Nachfrage nach alternativen Formen der Verwirklichung von Bauprojekten. Sie sollten überschaubare Regelungsmechanismen aufweisen, in möglichst kurzer Zeit zu realisieren sein und dadurch Kosten vermindern.[373] Ein Resultat dieser Bestrebungen sind Design-Build-Projekte oder unter anderer Bezeichnung sogenannte Package Deals.[374]

Zunächst ist daher zu fragen, was sich hinter den Begriffen verbirgt und wie sie zur Anwendung kommen. Im nächsten Schritt ist zu erläutern, welche Abweichungen sich zu den traditionellen Strukturen ergeben und welche Chancen und Risiken sie für die Beteiligten bergen, innerhalb der jeweiligen Rechtsordnung und angesichts der ermittelten Schnittmengen auch aus vergleichender Perspektive.

Bereits ein summarischer Überblick zu Anzahl und Umfang der amerikanischen Fachliteratur lässt erkennen, dass Package Deals neben den etablierten hergebrachten Vertragsbeziehungen ökonomisch wie rechtlich allgemeine Berücksichtigung finden.

I. Terminologie und rechtliche Konstruktion

Auch wenn sich Package Deal als Begriff in den Vereinigten Staaten zunehmender Beliebtheit für diverse Leistungs- und Warenbündel in unterschiedlichsten Branchen erfreut (besonders etwa im Konsumgüterbereich), so hat er seinen Ur-

---

373 Clough, Construction Contracting, S. 16; Collier, Construction Contracts, S. 181 f.
374 Hoyt, Package Deal, in: Architectural Record, Nov. 1993, S. 36; zu Einzelheiten siehe u.a.: Collier, Construction Contracts, S. 35, 143, 171-173, 181-199.

sprung originär im englischen und amerikanischen Bauvertragsrecht.[375] Für Package Deals existiert in den U.S.A. allerdings keine einheitliche Nomenklatur. Rechtlich inhaltsgleich begegnet man unterschiedlichen sprachlichen „Verpackungen" für ein und denselben Sachverhalt.[376] Wird dies berücksichtigt, führen die Begriffe wie Design-Build, Design/Build, Design/Built oder Design-Construct, häufig in Form des Schlüsselfertigbaus (turnkey) zu keiner weiteren Verwirrung.[377]

Package Deals verfolgen das übergeordnete Ziel einer strukturellen Bündelung der Rechte und Pflichten von Bauplanung und Ausführung (sowie eventuell weiterer damit in Zusammenhang stehender Leistungen) innerhalb eines Zweiparteienverhältnis. Was die Transaktionsgestaltung angeht soll hierfür möglichst auf ein einheitliches und transparentes Vertragswerk zurückgegriffen werden.[378]

Das bedeutet, ein einzelner Vertragspartner des Bauherrn erhält den Auftrag für die kompletten Leistungen der Planung und Ausführung und eventuell weitere Leistungselemente zu einem vorab verbindlich festgelegten Leistungsergebnis. Das „Wie" des Leistungserfolges bleibt dabei im Wesentlichen dem Auftragnehmer überlassen.

In solchen Modellen ist für gewöhnlich der Vertragspartner des Bauherrn ein Architekt oder Bauunternehmer, der seinerseits einen Bauunternehmer bzw. im umgekehrten Fall einen Architekten und/oder Ingenieur innerhalb seiner Organisation integriert oder extern beauftragt.[379] Die gebräuchlichste Variante einer Vielzahl denkbarer Varianten – bis hin zu Joint Ventures – ist dabei aber, dass ein Unternehmer einen oder mehrere Architekten als Arbeitnehmer beschäftigt, um seine unterschiedlichen Leistungspflichten abzudecken.[380]

Der Ursprung von Package Deals ist bei „Big-Ticket-Transactions" zu finden, das heißt im Bereich großvolumiger gewerblicher Anlagenbauten.[381] Im hier vornehmlich untersuchten privaten Eigenheimbau handelt es sich bei den einzelnen

---

375 Murdoch, Construction Contracts, S. 42; Beale, Contract Law, S. 671; vgl. Weber, Die Baubeteiligten in England, S. 59.
376 Ashworth, Pre-Contract Studies, S. 309.
377 Clough, Construction Contracting, S. 15; zur Abgrenzung zu Design-Build Verträgen und weitere Einzelheiten: Sweet, Legal Aspects of Architecture, Engineering, and the Construction Process, S. 325 f.
378 Smith, Currie & Hancock's Common Sense Construction Law, S. 367; Hinze Construction Contracts, S. 15.
379 Sweet, Legal Aspects of Architecture, Engineering, and the Construction Process, S. 326.
380 Arcet, Construction Industry Formbook, S. 83; vgl.Sweet, Legal Aspects of Architecture, Engineering, and the Construction Process, S. 326.
381 Sweet, Legal Aspects of Architecture, Engineering, and the Construction Process, S. 327; Howes/Tah, Strategic Management Applied to International Construction, S. 104; Ashworth, Pre-Contract Studies, S. 309.

Bauvorhaben zwar aus der Perspektive des Bauherrn finanziell subjektiv durchaus um einen „Big-Ticket-Deal", nicht jedoch im Sinne der ökonomischen Terminologie. Andererseits – und wie eingangs festgestellt – bildet der Sektor des Eigenheimbaus einen wesentlichen Faktor sowohl für das amerikanische als auch für das deutsche BIP. Somit besteht dem Grunde nach ein beachtlicher Markt für Package Deals und damit gesamtwirtschaftliche Bedeutung, mag jedes einzelne Projekt für sich genommen volkswirtschaftlich zu vernachlässigen sein.

Im Kern bedeutet ein Package Deal oder Design-Build (als Weiterentwicklung des Design-Bid-Build) die Bündelung von Leistungsverantwortung und Haftung für die Planung und Ausführung eines Objektes bis hin zur Fertigstellung und damit verbundener Lieferung respektive Übergabe gegenüber dem betreffenden Auftraggeber innerhalb einer einzigen gegenseitigen Leistungsbeziehung mit einheitlicher vertraglicher Grundlage (single point of responsibility).[382] Gegenüber der erfolgreichen, mangelfreien Werktätigkeit jeweils in Bezug auf Planung und Bau treten einerseits der Dienstleistungscharakter der Steuerung sämtlicher Planungs- und Bauschritte und auf der anderen Seite die kaufähnliche Verschaffung eines mangelfreien Endergebnisses gegenüber einem einzigen Vertragspartner in den Vordergrund.[383]

Bei dieser Schwerpunktverschiebung ist jedoch zu berücksichtigen, dass dem amerikanischen Recht eine dem deutschen Recht vergleichbare grundlegende Unterscheidung von Werk- und Dienstleistungsverträgen ohnehin fremd ist. Nach beiden Ausprägungsformen wird im anglo-amerikanischen Recht der Erfolg dessen geschuldet, was vertraglich vereinbart wurde, seien es gegenständliche oder geistige Produkte oder Tätigkeiten in Form von Dienstleistungen. Die Differenzierung ist folglich vornehmlich theoretischer Natur, als dass sich in der Praxis bedeutsame Unterschiede ergeben.

Wirtschaftlich gesehen fanden Design-Build, Package-Deals oder auch Package Jobs anfänglich jenseits der Big-Ticket-Transactions allein Verwendung bei gewerblich genutzten Objekten wie etwa Lagerhäusern, Ladenflächen und industriellen Gebäuden.[384] In den Vereinigten Staaten ist dabei die Bezeichnung Design-Build (noch) häufiger als der Begriff des Package Deal anzutreffen, der Begriff Package Deal wiederum wird vornehmlich inhaltsgleich im Vereinigten Königreich verwendet.[385]

---

382 Hoyt, Package Deal, in: Architectural Record 1993, S. 36; Twomey, Understanding the Legal Aspects of Design/Build, S. 3.
383 Twomey, Understanding the Legal Aspects of Design/Build, S. 3.
384 Hinze, Construction Contracts, S. 16; Twomey, Understanding the Legal Aspects of Design/Build, S. 5.
385 Sweet, Legal Aspects of Architecture, Engineering, and the Construction Process, S. 328; Smith/Merna/Jobling, Managing Risk in Construction Projects, S. 150; Ramsey, Construction

Im Bausektor haben sich in dem Zusammenhang zwischenzeitlich die unterschiedlichsten Varianten und Ausprägungen für Package Deals und Design-Build-Verträge, mit je abweichenden Schwerpunkten, herausgebildet.[386] Daher ist die nachfolgende Untersuchung auf die allgemeinen Merkmale von Design-Build und Package-Deals konzentriert, die in ihren wesentlichen Zügen auch den weiteren Varianten zugrunde liegt.

1. Die Entwicklung von Design-Build im Speziellen

Der Begriff Architekt beruht sowohl auf griechischen als auch lateinischen Wurzeln. *Tectere* ist dabei mit *bauen* zu übersetzen und die griechische Vorsilbe *archi-* bedeutet so viel wie *Erster* oder *Größter*. Folglich wurde dem ursprünglichen Begriff Architekt wie bereits angerissen die Stellung eines *Baumeisters* (master designer) zugemessen.[387] Hiermit wird das antike Leistungs- und Haftungsspektrum des Baumeisters neu zum Leben erweckt.[388] Bereits zu Zeiten als es lediglich einen Master Builder gab, war dieser allein sowohl für die Planung als auch die Bauausführung verantwortlich.[389]

Dies galt ursprünglich auch uneingeschränkt im amerikanischen Bauvertragsrecht.[390] Heute nimmt der Architekt auch dort vornehmlich die Position eines Master Designer ein, während die eigentlichen Bauarbeiten von einem oder mehreren Auftragnehmern für die Bauarbeiten ausgeführt werden. Diese bereits allgemein beschriebene Evolution wurde in den Vereinigten Staaten durch besondere Entwicklungen beschleunigt, die den vertraglichen Pflichtenumfang tiefgreifend veränderten. In der Zeit nach dem zweiten Weltkrieg wurden Architekten zunehmend in gerichtliche Auseinandersetzungen zu Planungsfehlern involviert, was insgesamt zu einer versicherungsrechtlichen Neubewertung der Planungsrisiken führte. Mit dem wachsenden Bedürfnis nach umfassendem Versicherungsschutz stiegen in der Folge auch die betreffenden Versicherungsprämien rapide an.[391] Darüber hinaus stieg der Einfluss der Versicherungsträger, die in der Folge

---

Law Handbook, S. 179; vgl. Collier, Construction Contracts, S. 35, 367; Ward, Packaged Contracts Catch County's Eye, in: Las Vegas Business Press, 03/29/99, Vol. 16 Iss. 13, S. 1.
386 Siehe Twomey, Understanding the Legal Aspects of Design/Build, S. 8 ff., 15 ff. im Hinblick auf eine Darstellung gebräuchlicher Strukturen.
387 Twomey, Understanding the Legal Aspects of Design/Build, S. 3.
388 Vgl. Auszüge aus dem Kodex Hammurapi, in: Twomey, Understanding the Legal Aspects of Design/Build, S. 103.
389 Twomey, Understanding the Legal Aspects of Design/Build, S. 101; vgl. etwa auch Art. 1792 Code Napoleon.
390 Arcet, Construction Industry Formbook, S. 83.
391 Arcet, Construction Industry Formbook, S. 83.

aus ihrer Perspektive Empfehlungen zur Risikoverringerung entwickelten. So sollte ein Großteil der Verantwortlichkeit und Haftung von Architekten dadurch abzuwenden sein, indem diese jegliche direkte Aktivitäten an den betreffenden Baustellen minimieren.[392]

Das führte in der Folgezeit tatsächlich dazu, dass Architekten ihre Leistungen vor Ort über eine operative Kontrolle hin zu schlichter Beobachtung der Bautätigkeit reduzierten. Die Lücke an Koordination und Bauleitung wurde überwiegend von den Bauunternehmern und unabhängigen Prüf- und Kontrollinstitutionen ausgefüllt. In der Praxis hatte diese Reduzierung des Pflichtenkreises des Architekten bzw. Ingenieurs jedoch auch zur Folge, dass sich diese der Möglichkeit begaben, die an der Baustelle auftretenden Schwierigkeiten und Mängel bereits im Zeitpunkt der Entstehung rechtzeitig zu erkennen und in einem frühen Stadium zu korrigieren.[393]

Insofern ist festzuhalten, dass Architekten durch die oben beschriebene Entwicklung zwar eine erhebliche Enthaftung erzielen konnten, aber andererseits auch einen wesentlichen Teil ihres Tätigkeitsbereiches preisgaben. Aus der Perspektive des Bauherrn überwiegen hingegen die Nachteile aus dieser Entwicklung. Er verliert den Architekten oder Ingenieur als qualifizierten und vor allem gegenüber dem Bauunternehmer unabhängigen Begleiter am Ort des eigentlichen Baugeschehens. Zusätzlich werden dieser Entwicklung qualitative Einbußen im Hinblick auf progressive und gleichermaßen fehlerfreie Planungen zugeschrieben, da dem Architekten so der nötige Praxisbezug fehlt. Er kann als reiner Planer nicht mehr im gleichen Maße unmittelbar aus eigener Anschauung und etwaigen Mängeln und Fehlern lernen.[394]

Diese Entwicklung hat in den vereinigten Staaten entscheidend dazu beigetragen, dass sich Design-Build überhaupt als Modell mit einer Bündelung von Know How zu Planung und Bauausführung sowie Risikoabsicherung innerhalb einer Kooperation rasant verbreitet hat. Wegbereitend waren vorwiegend Developer, die über das professionelle Construction Management in den 1960ern hinaus Design-Build in den 1970ern zu einem umfassenden Leistungsangebot für ihre Auftraggeber etablierten.[395] Denn Architekten war Design-Build bis 1986 berufsrechtlich häufig verwehrt.[396] So verwundert es auch nicht, dass Developer-

---

392 Arcet, Construction Industry Formbook, S. 84.
393 Arcet, Construction Industry Formbook, S. 84.
394 Arcet, Construction Industry Formbook, S. 84.
395 Collier, Construction Contracts, S. 181 ff.
396 Solomon, The Hopes and Fears of Design-Build, in. Architectural Record, Nov. 2005, Vol 193 Issue 11, S. 168.

Leistungen und Design-Build bis auf den heutigen Tag vielfach eng verknüpft sind.[397]

Unabhängig von den gewandelten gesellschaftsrechtlichen Korporationsformen können Package Deals folglich als Renaissance des Leistungs- und Verantwortungsspektrums des klassischen Architekten begriffen werden. Es lässt sich jedenfalls beobachten, dass sich Design-Build-Konzepte in Amerika nicht nur im Bereich komplexer industrieller Bauprojekte, sondern auch und gerade im Bereich des klassischen Einfamilienhausbaus zunehmender Beliebtheit erfreuen.[398]

2. Abgrenzung zu Construction Management und General Contractor

Design-Build ist streng von Construction Management und General Contracting abzugrenzen: Die eigentliche Integration und Übernahme unterschiedlicher Leistungspflichten gegenüber dem Bauherrn innerhalb eines Vertrages ist letztlich nur in der Variante eines Design-Build-Vertrages zu erreichen. Beim Construction Management wird dagegen die übergeordnete Beratung, Koordination der unterschiedlichen Arbeiten und die Leistungskontrolle auf den Construction Manager verlagert.[399] Der Construction Manager erbringt prinzipiell keine eigenen Planungsleistungen. Er übernimmt deshalb keine Gesamtverantwortung für die erfolgreiche Realisierung eines Projektes. Er hat vielmehr „nur" dafür Sorge zu tragen, dass sämtliche Abläufe fristgerecht festgelegt und erfüllt werden sowie der Kostenrahmen gewahrt bleibt, sofern er nicht auch einen Teil der Ausführung selbst erbringt und insoweit auch für diesen Erfolg haftet.[400]

In Abgrenzung dazu übernimmt der General Contractor eigene direkte Leistungspflichten und deren Koordination für die Errichtung des Bauobjektes. Er trägt die Verantwortung allein für die vertragsgemäße Ausführung der Planung, nicht für die Planung selbst.[401] Die traditionelle Allokation bleibt also auch beim General Contracting erhalten.

Sowohl Construction Manager als auch General Contractor haften somit prinzipiell nicht umfänglich für die Planung und Ausführung eines Bauprojektes.

---

397 Collier, Construction Contracts, S. 174 f.
398 Vgl. Bockrath, Contracts and the Legal Environment for Engineers and Architects, S. 114.
399 Halpin/Woodhead, Construction Management, S. 73; Hinze, Construction Contracts, S. 16; Twomey, Understanding the Legal Aspects of Design/Build, S. 6 ff.
400 Twomey, Understanding the Legal Aspects of Design/Build, S. 6.
401 Vgl. Twomey, Understanding the Legal Aspects of Design/Build, S. 9.

3. Turnkey Contract („Schlüsselübergabevertrag"/ Schlüsselfertigbau)

Turnkey Contracts bilden im amerikanischen Bauvertragsrecht zumeist eine Unterkategorie von Design-Build.[402] Sie enthalten, anders als „schlüsselfertiges Bauen" nach deutschem Verständnis, nicht nur eine Beschreibung eines bestimmten Fertigstellungsgrades, sondern verkörpern darüber hinaus regelmäßig eine spezifische Variante von Design-Build.

Auch im Bereich von Turnkeys soll ein einziger Auftragnehmer für Planung und Ausführung verantwortlich sein. Variabel ist eine Fülle von vertraglichen Gestaltungsmöglichkeiten, denn begrifflich definiert die Bezeichnung Turnkey ebenso wie „schlüsselfertig" per se kein fest definiertes Leistungssoll. Dem Unternehmer werden funktionale Vorgaben zum Ergebnis, aber eher generelle Instruktionen für die eigentliche Planung und Ausführung gemacht. Vom Auftragnehmer wird regelmäßig erwartet, dass er eine Gesamtrealisierung liefert, die den vertraglich vereinbarten Zielvorgaben entsprechen. Auf welchem Weg dieses Ziel erreicht wird, bleibt im Grunde dem Unternehmer überlassen. Wenn erst einmal die Ziele definiert wurden, braucht der Bauherr in der Theorie erst mit Fertigstellung wieder in Erscheinung zu treten und kann den Schlüssel in Empfang nehmen und dadurch das Werk insgesamt übernehmen. In der Praxis sind allerdings Vorgaben weit über diese idealtypische ergebnisorientierte Betrachtung hinaus erforderlich, so dass auch hier faktisch zumeist detaillierte Pläne und technische Vorgaben vertraglich zugrunde gelegt werden, um die gewünschten Qualitäten sicherzustellen.[403]

Von Design-Build im Allgemeinen heben sich Turnkey Contracts folglich vor allem durch den Leistungsumfang bei der Ausführung ab. Der Turnkey-Unternehmer bietet zudem regelmäßig eine umfassende Reihe an projektbezogenen Leistungen über Planung und Ausführung hinaus.[404] Diese umschließen je nach Leistungsspektrum die Finanzierung des Projektes,[405] Versicherungsleistungen[406]

---

402 Twomey, Understanding the Legal Aspects of Design/Build, S. 5; bzgl. weiterer Differenzierung etwa von Factory-Built Turnkey Projekten vgl. Stephen Winter Associates (Hrsg.), A Community Guide to Factory-Built Housing, S. 12.
403 Smithco Engineering, Inc. v. International Fabricators, Inc., 775 P.2d 1011 (Wyo. 1989): „A turnkey project is one in which the developer builds in accordance with plans and specifications of his own architect subject to performance specifications for quality and workmanship, and with limited guidance for features as style, number of bathrooms, etc."
404 Smith/Merna/Jobling, Managing Risk in Construction Projects, S. 150.
405 Sweet, Legal Aspects of Architecture, Engineering, and the Construction Process, S. 325 f.; Allen, Developing and Financing in Land-Lease Communities, in: Urban Land, January 1996, S. 35 ff.; Twomey, Legal Aspects of Design/Build, S. 11.
406 Sweet, Legal Aspects of Architecture, Engineering, and the Construction Process, S. 328; vgl. bzgl. Einzelheiten: Hinze, Construction Contracts, S. 210-231.

und die Grundstücksentwicklung bis zur Baureife.[407] Auch die Beschaffung von Bauland bis hin zur abschließenden Bereitstellung der gewünschten Inneneinrichtung ist bei Turnkey-Verträgen im Eigenheimbau keine Seltenheit.[408] Die Baulandbeschaffung birgt für den Bauherrn als Erwerber insbesondere den Vorteil, dass der Unternehmer auch die Pflichten und Haftung beim dargestellten Conveyance-Verfahren im amerikanischen Grundstücksrechts übernimmt.

Da aber teilweise auch herkömmliche Design-Build-Verträge Finanzierungsmöglichkeiten vorsehen,[409] erscheint eine Unterscheidung von Turnkeys zu Design-Build im Vergleich des Gesamtcharakters der vertraglichen Beziehungen und Leistungen eher zielführend. Ähnelt das Leistungsbild objektiv wie beim Kauf einer Gebrauchtimmobilie der Verschaffung eines bezugsfertigen Gebäudes, wird im amerikanischen Recht eher von einem Turnkey Contract ausgegangen.[410] Liegt der Schwerpunkt der Vertragsbeziehung eher auf der Erbringung von Planungs- und Werkleistungen, verbunden mit Dienstleistungselementen, wird hierfür begrifflich eher von Design-Build gesprochen.

Im Ergebnis und vor allem in der Praxis ist diese Differenzierung im amerikanischen Recht allerdings nur von geringer Bedeutung. Auch der Seller Contractor bei Turnkey-Objekten, seien sie bereits fertiggestellt oder erst noch zu errichten, haftet im Ergebnis umfassend für die Erfüllung der vertraglichen Pflichten und damit auch Mangelfreiheit von Planung und Ausführung.[411]

II. Wirtschaftliche Spezialisierung und Reintegration von Leistungen – Evolution oder Revolution?

Der professionelle Planer plant, der Unternehmer baut, der Bauherr zahlt.[412] Dies scheint die triviale Quintessenz der geschichtlichen Separation von Planung und Ausführung zu sein, in all ihren Steigerungen und Abwandlungen durch die Industrialisierung. Aus dieser Spezialisierung und wirtschaftlichen sowie rechtlichen Aufspaltung von Planung und Ausführung resultieren – so die verbreitete Ansicht in der amerikanischen Literatur zum Bauvertragsrecht – je für sich ge-

---

407 Twomey, Understanding the Legal Aspects of Design/Build, S. 5.
408 Seymour, The Multinational Construction Industry, S. 77.
409 Twomey, Understanding the Legal Aspects of Design/Build, S. 11; diese sollen jedoch u. U. vorwiegend die Durchführung des Projektes als solches, denn etwa dessen Erwerb bzw. Anschaffung finanzieren.
410 Vgl. Twomey, Understanding the Legal Aspects of Design/Build, S. 5.
411 Mobile Housing Environments v. Barton & Barton, 432 F.Supp. 1343 (D.Colo.1977); Sweet, Legal Aspects of Architecture, Engineering, and the Construction Process, S. 326.
412 Smith, Currie & Hanccock's Common Sense Construction Law, S. 367.

nommen effiziente Planungsergebnisse und Bauarbeiten,[413] die allerdings in der Praxis zu der beschriebenen, für Bauherren zumeist ungünstigen Risikoverteilung führt.[414]

Das eminente Risiko widerstreitender Interessen in diesem Principal-Agent-Gefüge lässt sich nur teilweise mit sogenannten Partnering-Konstruktionen lösen, also Verpflichtungen zu konstruktiver und vertrauensvoller Zusammenarbeit seitens Bauherr, Architekt und Bauunternehmer.[415] Insbesondere beim Streit über Planungs- und/oder Baumängel oder zur Haftung bei anderen realisierten Risiken brechen die grundsätzlich unveränderten Interessengegensätze häufig wieder auf.[416] Sie können dazu führen, dass eine direkte und effektive Kommunikation sowie transparente Verantwortungszuweisung zwischen den Beteiligten verhindert wird.[417] Dies sind die initialen Gründe, die besonders im amerikanischen Rechtskreis dafür angeführt werden, mit lediglich einem Vertragspartner zu kontrahieren,[418] ohne auf der anderen Seite in der Durchführung durchgreifende Einbußen bei Effizienz und Wirtschaftlichkeit zu erleiden.[419] Die Kritik an den bestehenden Systemen ist sowohl im Sektor gewerblicher Bauten, etwa von Industrieanlagen, aber auch verstärkt im Bereich des Einfamilienhausbaus zu vernehmen.[420]

Ermöglicht wurde diese Entwicklung überhaupt erst durch die angerissene allmähliche Auflockerung der ursprünglich strikten Standesvorschriften zur Trennung von Architekten und Bauhandwerkern oder Bauunternehmern.[421] Bis dahin war de facto eine trianguläre Vertragsbeziehung rechtlich unumgänglich. Rein wirtschaftlich wurde diese Linie in den U.S.A. zuerst im Bereich des Eigenheimbaus überschritten. Auslöser war hier die große Wohnraumnachfrage und der damit verbundene spekulative Vorratsbau durch gewerbliche Bauherren, zumeist in der Gestalt von Developern. Diese Gebäude werden gegenüber dem privaten „Bauherrn" als eigentlichem Adressaten bezugsfertig präsentiert und der Bauunternehmer ist einzige Schnittstelle für die Erfüllung der Verkäuferpflichten und Gewährleistung.[422]

---

413 Collier, Construction Contracts, S. 181.
414 Sweet, Legal Aspects of Architecture, Engineering, and the Construction Process, S. 313.
415 Vgl. Köster, Marketing und Prozessgestaltung am Baumarkt, S. 23.
416 Vgl. zu Einzelheiten des „Partering": Sweet, Legal Aspects of Architecture, Engineering, and the Construction Process, S. 329 f.
417 Vgl. Sweet, Legal Aspects of Architecture, Engineering, and the Construction Process, S. 332.
418 Halpin/Woodhead, Construction Management, S. 62; vgl. Samuels, Construction Law, S. 26; Smith, Currie & Hanckock's Common Sense Construction Law, S. 367.
419 Twomey, Understanding the Legal Aspects of Design/Build, S. 6.
420 Sweet, Legal Aspects of Architecture, Engineering, and the Construction Process, S. 326.
421 Twomey, Understanding the Legal Aspects of Design/Build, S. 45.
422 Halpin/Woodhead, Construction Management, S. 62.

Mit diesem Paradigmenwechsel in den U.S.A. zum „One-Stop-Shopping" etablierte sich neben dem gefragten Construction Management der Package Deal allmählich auch ohne die mit dem Vorratsbau verbundenen hohen Vorfinanzierungskosten und -risiken.[423]

Denn wirtschaftlich wie rechtlich ähnelt das Leistungsbild bei Design-Build dem Vorratsbau. Der private Bauherr „erwirbt" die Verpflichtung des Auftragnehmers zur Planung und Fertigstellung seines Eigenheims als Leistungspaket.[424] Demgegenüber liegt bei professionellen bzw. gewerblichen Bauherren der Schwerpunkt der vertraglichen Intention zumeist auf dem „Einkauf" des Bündels an Dienstleistungen sowie der professionellen Befähigungen und Erfahrungen, die eine Design-Build-Unternehmung bietet.[425]

Wie auch immer man dies im amerikanischen Recht „dogmatisch" einordnen mag, in der Praxis und insbesondere für die sich daraus ergebenden Haftungsfragen, erlangt die Unterscheidung aufgrund der Pragmatik im amerikanischen Bauvertragsrecht keine grundlegende rechtliche Bedeutung.[426]

Ökonomisch betrachtet bedeutet Design-Build die Integration unterschiedlicher „Produktionsstufen" einer vertikalen Wertschöpfungskette,[427] genau genommen einer Reintegration, nachdem historisch gesehen Planung und Ausführung in der Person des Baumeisters ursprünglich bereits vereinigt waren. Daher kann im Sinne des Zurückdrehens (ausgehend vom lateinischen revolvere und weniger dem Weiterdrehen im politischen Sinne) Bauleistungspaketen eine durchaus revolutionäre Entwicklungsgeschichte beigemessen werden.

Im amerikanischen Vertragsrecht selbst wird der Package Deal aber weniger als Wiedergeburt alter Baukunst und historischer Pflichtenverteilung, sondern als moderne Vertragsgestaltungsvariante innerhalb der Entwicklung des Vertragsrechts insgesamt wahrgenommen und zunehmend beansprucht.[428] Erstaunlich daran ist, dass diese Konstruktion gewissermaßen mit der zeitverzögerten Industrialisierung im Bauwesen einhergeht, die sich beispielsweise erst mit der wachsenden Bedeutung von Systembauweisen vollzogen hat. Diese waren der Wegbereiter von serieller Produktion mit stetig steigendem Vorfertigungsgrad bei

---

423 Halpin/Woodhead, Construction Management, S. 62 f.; vgl. Hinze, Construction Contracts, S. 16; Hoyt, Package Deal, in: Architectural Record 1993, S. 36; Twomey, Understanding the Legal Aspects of Design/Build, S. 5.
424 Vgl. Sweet, Legal Aspects of Architecture, Engineering, and the Construction Process, S. 329.
425 Sweet, Legal Aspects of Architecture, Engineering, and the Construction Process, S. 329.
426 Vgl. Sweet, Legal Aspects of Architecture, Engineering, and the Construction Process, S. 329.
427 Stobbe, Mikroökonomik, S. 447; vgl. Wirtz, Handbuch Mergers & Acquisitions Management, S. 81 f.
428 Sweet, Legal Aspects of Architecture, Engineering, and the Construction Process, S. 326; Hoyt, Package Deal, in: Architectural Record 1993, S. 36.

den jeweiligen Produktionsprozessen und Einsatz modernster Materialien, Bautechnik und Logistik.[429] Denn die Idee der Industrialisierung des Bauens ist seit den Ansätzen von Bauhausarchitekten wie Walter Gropius und Konrad Wachsmann nicht grundlegend neu. Allerdings vollzog sich die Substitution handwerklicher Arbeiten an den einzelnen Baustellen durch vorgelagerte, standardisierte und in Teilen automatisierte Prozesse an nur einer Produktionsstätte erheblich zeitverzögert zum allgemeinen wirtschaftlichen Umfeld. Das hatte die abweichende Konsequenz, dass Spezialisierung hier nicht zur weiteren Aufspaltung von Tätigkeiten und Verantwortlichkeiten oder – bis in die jüngere Wirtschaftsgeschichte hinein betrachtet – mit weitreichendem Outsourcing produktionsferner Leistungen, sondern vertikal integrierten Unternehmungsformen geführt hat.

Diese Entwicklung wird von vielen Architekten, besonders deren Standes- und Interessenvertretungen, durchaus mit Skepsis betrachtet, da Design-Build die traditionellen Vertragsbeziehungen insbesondere zwischen Architekten und Klienten nachhaltig verändert bzw. sogar terminiert.[430] Denn Vertragspartner des Architekten ist in der gängigsten Variante nunmehr ausschließlich der Design-Build-Unternehmer und nicht länger der Bauherr. Die Vorbehalte beruhen dabei nicht nur auf sachlichen und fachlichen Argumenten. Vielmehr wird bei Package Deals die tradierte Rangordnung aufgehoben, nach der dem Architekten eine übergeordnete Position unter den Baubeteiligten zugewiesen wird.[431]

Weiterhin lässt sich eine Ausweitung zumindest einzelner Elemente von Design-Build auf den traditionellen Bauvertragssektor beobachten. So sind in der Praxis immer häufiger Vertragsklauseln (wie z. B. besondere, originär planerische Überprüfungspflichten des Bauunternehmers anstelle des Architekten in Bezug auf die Vollständigkeit und Richtigkeit der Planungsunterlagen) anzutreffen, die ansonsten nur im Package-Deal-Kontext anzutreffen sind.[432] Folglich treffen den Bauunternehmer zunehmend Überprüfung-, Beratungs- und Hinweispflichten zu Fehlern der Planung sowie Sorgfaltspflichten zur Prüfung von etwa bestehenden Genehmigungserfordernissen, also originär planerische Aufgaben.[433]

III. Design-Build-Varianten

Package Deals sind in erster Linie nach den verantwortlich Handelnden zu unterscheiden, die für die Erfüllung der Paketleistungen Sorge zu tragen haben. Dies

---

429 Vgl. Halpin/Woodhead, Construction Management, S. 14.
430 Hoyt, Package Deal, in: Architectural Record 1993, S. 36.
431 Arcet, Construction Industry Formbook, S. 83.
432 Smith, Currie & Hanckock's Common Sense Construction Law, S. 369.
433 Smith, Currie & Hanckock's Common Sense Construction Law, S. 372 f.

können im Wesentlichen Architekten oder Ingenieure sein, die zugleich die Funktion des Bauunternehmers übernehmen oder aber mit einem solchen Unternehmen zumindest in einer engen Verbindung stehen. Denkbar sind auch Bauunternehmungen, die in ihrem Betrieb einen oder mehrere Planer integrieren.[434] In Betracht kommt aber auch eine Unternehmung in Form eines Joint Ventures von Architekten und Bauunternehmern.[435] Je nach Struktur ergeben sich für die interne Organisation Unterschiede.[436] Unabhängig von den genannten und weiteren Organisations- und Kooperationsformen von Design-Build (und den damit verbundenen Leistungs- und Haftungsfragen im Innenverhältnis) haben sämtliche Formen jedoch gemeinsam, dass dem jeweiligen Bauherrn lediglich ein Vertragspartner gegenübersteht.

Sofern im Folgenden daher nicht abweichend gekennzeichnet, bezieht sich die Darstellung zugunsten einer übersichtlichen Gesamtbetrachtung auf die gebräuchlichste Variante, dass nämlich gegenüber dem Bauherrn eine Bauunternehmung als natürliche oder juristische Person für Planung und Ausführung verantwortlich zeichnet.[437]

IV. Chancen-Risiken-Analyse

Kein Anhänger von Package Deals verspricht ein Allheilmittel. Diese Feststellung ist so banal wie richtig. Was sich für eine Partei als vorteilhaft herausstellt, kann – sofern keine gleichlaufenden Interessen bestehen – wirtschaftliche oder rechtliche Nachteile für die jeweils andere Seite mit sich bringen. Es bedarf folglich für die Bewertung einer Gesamtschau der Vor- und Nachteile bei einem Package Deal, die eine Abwägung und Entscheidung für den Einzelfall ermöglichen soll, mögen sich einzelne Überschneidungen dadurch auch kaum vermeiden lassen. Dazu werden die in der Literatur gängigen, in Teilen nicht unumstrittenen Meinungen aufgegriffen.

---

434 Twomey, Understanding the Legal Aspects of Design/Build, S. 19, 21 ff.
435 Twomey, Understanding the Legal Aspects of Design/Build, S. 23 ff.
436 Im Einzelnen dazu: Twomey, Understanding the Legal Aspects of Design/Build, S. 15 ff.; mit Darstellung der verschiedenen Varianten und organisationsbedingten Konsequenzen; zu „Design-Bild-Light" ferner: Loewenberg, Speedy and Efficient 'Design-Build-Light' is Easing Owners Worries, in: Engineering News-Record, 11/13/2006, Vol. 257 Issue 19, S. 37.
437 Vgl. Arcet, Construction & The Law, S. 93.

1. Nachteile

a) Aus Sicht des Bauherrn

aa) Strukturelle Nachteile

In der konventionellen triangulären Vertragsbeziehung ist der Architekt „treuhänderischer" Beauftragter des Bauherrn und durch seine Pflichten angehalten, gegenüber dem Bauunternehmer allein die Interessen des Bauherrn zu vertreten.[438] Privaten Bauherren fehlt die notwendige Fachkunde, die Qualität der Ausführung durch die beteiligten Unternehmen zu kontrollieren und einschätzen zu können.[439] Der Schutz des Bauherrn aufgrund dieser Unabhängigkeit des Architekten vom Bauunternehmer geht beim Package Deal verloren.[440] Ein Nachteil, der nur teilweise durch entsprechende berufsrechtliche Pflichten oder Vorschriften, auf allgemeiner Ebene etwa durch bestimmte Registrierungs- oder Lizenzierungsanforderungen, abzumildern sein dürfte.[441]

Soweit direkter Kommunikationsbedarf mit Architekten besteht, kann dieser beispielsweise nur eingeschränkt möglich sein oder aber der Planer tritt lediglich als unselbstständiger Ansprechpartner auf. So wird eventuell eine zusätzliche unabhängige Beratung, beispielsweise im Hinblick auf die Beurteilung von Angeboten, Leistungen und Kosten, notwendig.[442]

Unabhängige professionelle Beratung generiert jedoch Kosten, die möglicherweise den ökonomischen Anreiz dieser alternativen Struktur gefährden. Folglich stellt sich bei Package Deals besonders die Frage nach einem Ausgleich des strukturellen Nachteils bzw. des daraus resultierenden sogenannten Bridging-Effects höherer Transaktionskosten für entsprechende Leistungssicherheit.[443]

---

438 Arcet, Construction Industry Formbook, S. 84; Sweet, Legal Aspects of Architecture, Engineering, and the Construction Process, S. 312, 329.
439 Sweet, Legal Aspects of Architecture, Engineering, and the Construction Process, S. 328.
440 Twomey, Understanding the Legal Aspects of Design/Build, S. 4 f.; 44 f.; Sweet, Legal Aspects of Architecture, Engineering, and the Construction Process, S. 328; Collier, Construction Contracts, S. 187.
441 Vgl. Twomey, Understanding the Legal Aspects of Design/Build, S. 46.
442 Bockrath, Contracts and the Legal Environment for Engineers and Architects, S. 114; Sweet, Legal Aspects of Architecture, Engineering, and the Construction Process, S. 328; Collier, Construction Contracts, S. 193; vgl. Hoyt, Package Deal, in: Architectural Record, Nov. 1993, S. 36 f.; zu ähnlichen Problemen bei Generalunternehmerverträgen, Samuels, Construction Law, S. 27 f.; vgl. Collier, Construction Contracts, S. 193, 188.
443 Siehe dazu: Collier, Construction Contracts, S. 188.

bb) Gestaltungsvorgaben

Zwar wird bei Design-Build auch die eigentliche Planung vom Auftragnehmer mit übernommen. Um ein solches Paket auszuwählen, zu erstellen und auszuführen, sind aber regelmäßig sorgfältige Vorüberlegungen und die Entwicklung der eigenen Vorstellungen und Wünsche hinsichtlich der grundlegenden gestalterischen Rahmenvorgaben notwendig.[444] Nicht die einzelnen Gewerke und Prozessschritte, aber das Ergebnis und die Leistungsqualitäten muss definiert werden. Das bedeutet wiederum eine Leistung, die hohe Anforderung an den Baulaien stellt oder aber einen erheblichen Vertrauensvorschuss in Vorschläge des Unternehmers voraussetzt.

cc) Markt und Preisgestaltung

In der konventionellen Vertragsbeziehung ist der Architekt als Beauftragter auch aufgrund der eigenwirtschaftlichen Interessen dazu gehalten, die Interessen des Bauherrn zu vertreten.

Der betreffende Bauunternehmer ist demgegenüber regelmäßig bestrebt, auch innerhalb des Wettbewerbsumfeldes seinen Profit zu maximieren. Im Bereich von Bauverträgen bietet sich über Nachträge für den Unternehmer die größte Chance, trotz niedrigem Einstandspreis eine größere Marge zu erzielen. Diese Möglichkeit besteht besonders im Bereich von Verträgen ohne Kappungsgrenze – wie etwa den sogenannten Cost-Plus-Verträgen (open-ended-cost-contract). Demgegenüber sind private Bauherren zugunsten Planungs-, Preissicherheit und -vergleichbarkeit regelmäßig bestrebt, einen Pauschalpreis- oder jedenfalls Guaranteed-Maximum-Price-Verträge zu vereinbaren.[445]

Doch selbst wenn ein Bauunternehmer aufgrund des jeweiligen Marktumfeldes seine Verpflichtungen im Rahmen einer solchen Pauschalpreis- oder garantierten Maximum-Summe ausführt, konzentriert sich sein Interesse folglich dann darauf, den Ertrag durch Kostensenkungen zu erhöhen und/oder die Effizienz und Kosten-Nutzen-Relation zu verbessern.[446] Folglich besteht die latente Gefahr, dass Kosteneinsparungen auch bei der Qualität der verwendeten Materialien, Ausrüstung und Ausbildung der Arbeitskräfte vorgenommen werden. Damit besteht für einen unerfahrenen Bauherrn, der einerseits zwar von wirtschaftlichen Synergien aus einem Package Deal profitieren möchte, auf der anderen Seite ein

---

444 Samuels, Construction Law, S. 26 f.; vgl. Ramsey, Construction Law Handbook, S. 179; vgl. Girmscheid, Strategisches Bauunternehmensmanagement, S. 193.
445 Sweet, Legal Aspects of Architecture, Engineering, and the Construction Process, S. 328.
446 Vgl. Bockrath, Contracts and the Legal Environment for Engineers and Architects, S. 114.

mutmaßliches Schutzinteresse auf unabhängige Beratung und Kontrolle zur Absicherung der Vorteile.[447]

Zudem bleibt das Risiko, dass die in Design-Build-Angeboten enthaltenen Leistungen durch die ergebnis- und weniger prozessorientierte Beschreibung und Betrachtung im Vergleich zur traditionellen Vergabe nicht vergleichbar transparent sind oder aber eine angemessene Bewertung des betreffenden Angebotes mit einer Differenzierung nach Gewerken, Massen und Einheiten vergleichsweise schwierig sein kann.[448]

dd) Rechtsunsicherheit

Zahlreiche Rechts- und Rechtsprechungsgrundsätze beruhen nach wie vor auf tradierten Vertragsgestaltungen und oftmals den jeweiligen allgemeinen Vertragsbedingungen der Standard-Verträge, die als etabliertes System gesehen werden.[449] Zwar bestehen seit vielen Jahren entsprechende Standardverträge auch für Design-Build-Projekte,[450] doch greifen diese in das bestehende Gefüge ein und verändern es teilweise grundlegend – wie etwa im Bereich der Risikoverteilung. Inwiefern die Rechtsprechung sich diesen neuen Konstellationen erneut stellen und gegebenenfalls bisherige Rechtsgrundsätze revidieren bzw. anpassen wird, wird derzeit in der Literatur noch nicht abschließend bewertet. Es bleibt für die beteiligten Parteien damit ein relatives Maß an Rechtsunsicherheit.[451]

Auch die Zahl an juristischen Fachveröffentlichen bei Package Deals ist, trotz teilweise reger Debatten Ende der 1970er/Anfang der 80er Jahre und abgesehen von den Standardwerken, im Vergleich zur traditionell ausgerichteten Literatur begrenzt.[452] Die Standardverträge für Design-Build unterscheiden sich in Teilen aber erheblich von den Dokumentationen allgemeiner Vertragsbedingungen (General Conditions) der traditionellen Musterverträge.[453]

---

447 Arcet, Construction Industry Formbook, S. 84.
448 Collier, Construction Contracts, S. 171, 188, 195.
449 Vgl. Hinze, Construction Contracts, S. 122 f.
450 Zu Einzelheiten der betreffenden Muster siehe: Twomey, Legal Aspects of Design/build, S. 159-185; Arcet, Construction Industry Formbook, S. 82-115; Sweet, Legal Aspects of Architecture, Engineering, and the Construction Process, S. 328.
451 Sweet, Legal Aspects of Architecture, Engineering, and the Construction Process, S. 314; Hoyt, Package Deal, in: Architectural Record, Nov. 1993, S. 36 f.; Collier, Construction Contracts, S. 195 f.
452 Twomey, Understanding the Legal Aspects of Design/Build, S. xiii.
453 Twomey, Understanding the Legal Aspects of Design/Build, S. 169.

ee) Massen-Design

Ein weiterer Vorbehalt gegenüber Package Deals ist, dass mit wirtschaftlichen Einsparungsbestrebungen auch anspruchsvolle und individuelle Architektur und Design zurücktreten müssen und lediglich auf einem vergleichsweise niedrigen Niveau weiterentwickelt werden.[454]

Zudem ist fraglich, ob eine erhebliche zeitliche Verkürzung von Prozessen und eine gesteigerte Anzahl an Projekten auf Kosten der Qualität gehen, in diesem Zusammenhang vor allem der ästhetischen (und auch städtebaulichen) Qualität.[455]

ff) Planungsdokumentation

Der Bauherr verfügt bei Design-Build in der Regel nicht über die komplette Dokumentation der Planung wie dies bei der Einschaltung eines unabhängigen Architekten regelmäßig der Fall ist.[456] Dies kann das Erkennen oder den Nachweis von Planungs- oder Ausführungsfehlern erheblich erschweren.

b) Nachteile für den Design-Build-Unternehmer

aa) Haftung

Der Bauunternehmer trägt bei einem Design-Build-Vertrag – selbst bei vertraglicher Verpflichtung externer Architekten[457] – ein erheblich gesteigertes oder gar absolutes Haftungsrisiko, quasi als Kehrseite der Entlastung des Bauherrn. Als alleiniger Vertragspartner des Bauherrn hat er für die vertragsgemäße Erfüllung aller vertraglichen Verpflichtungen und damit den Erfolg des Bauprojektes insgesamt einzustehen.[458] Das gilt umgekehrt prinzipiell in gleicher Weise soweit sich Architekten selbst als Design-Builder engagieren.[459]

---

454 Sweet, Legal Aspects of Architecture, Engineering, and the Construction Process, S. 328; Collier, Construction Contracts, S. 184 f.; 193; vgl. Seymour, The Multinational Construction Industry, S. 77.
455 Vgl. Twomey, Understanding the Legal Aspects of Design/Build, S. 36, 47.
456 Hoyt, Package Deal, in: Architectural Record 1993, S. 37.
457 Vgl. C. L. Maddox v. Benham Group, Inc., 88 F.3d 592 (8th Cir.1996); Sweet, Legal Aspects of Architecture, Engineering, and the Construction Process, S. 326.
458 Mobile Housing Environments v. Barton and Barton, 432 F. Supp. 1343 (D.Colo. 1977); Smith, Currie & Hanckock's Common Sense Construction Law, S. 367; Brunson Assocs., Inc., ASBCA 41201, 94-2 BCA 26,936; Twomey, Understanding the Legal Aspects of Design/Build, S. 59.
459 Hoyt, Package Deal, in: Architectural Record 1993, S. 37.

Dies bedeutet in der Konsequenz den weitreichenden Verlust rechtlicher Einwände. Denn eine Haftungsverschiebung zu Lasten des Bauherrn ist regelmäßig abgeschnitten.[460] Wann immer die Ursache für Mängel in der Planung oder Ausführung begründet ist, haftet der Design-Build-Unternehmer.[461] Eine Bündelung der Haftung ist auch vor dem Hintergrund des Zusammentreffens von ausdrücklichen und implizierten Garantien (express and implied warranties) in der Person eines Unternehmers bzw. Unternehmens zu beobachten.[462] Hinzu kommt das strenge Haftungsregime der Strict Liability, einer verschuldensunabhängigen Haftung für Nicht-Vermögensschäden aufgrund von fehlerhaften Produkten. Dieses greift insbesondere, falls und sofern Design-Build insgesamt schwerpunktmäßig als standardisierte Produktion von Gütern aufgefasst werden kann.[463]

Relevant werden kann diese umfassende Haftung für den Unternehmer besonders bei der regelmäßig einhergehenden Phased Construction, da hier – und anders als bei der bereits oben dargestellten klassischen Straight-Line-Verfahrensweise – die Ausführung noch vor Abschluss der Planung beginnt. Die daraus entstehenden Risiken hat der Unternehmer allein zu tragen. Er muss zu deren Minimierung „In-House" mittels Controlling und Plattformen für den Informationsaustausch innerhalb des Design-Build-Teams organisatorische Vorsorge treffen.[464] Hinzu kommen kumulierte Haftungsrisiken für die umfassende Einhaltung öffentlicher Pflichten, die normalerweise entweder Architekten oder Bauunternehmen tragen.[465]

Nachteilig kann sich in diesem Spannungsfeld zwischen umfassender Haftung und optimierten/industrialisierten Fertigungsprozessen zudem auswirken, dass Rationalisierungen und Einsparungen nur durch entsprechende Mengenvolumina zu erreichen sind. Bei größeren Stückzahlen, die nach einem einheitlichen Standard gefertigt werden (wie etwa bei Entwicklung, Erschließung und Bebauung ganzer Wohngebiete durch einen Design-Builder) besteht das Risiko, dass einzelne Planungsfehler vorerst unentdeckt bleiben und sich über die Mengen multiplizieren.[466]

---

460 Twomey, Understanding the Legal Aspects of Design/Build, S. 61 f.
461 Smith, Currie & Hanckock's Common Sense Construction Law, S. 367.
462 Bzgl. Einzelheiten siehe etwa: Twomey, Understanding the Legal Aspects of Design/Build, S. 111 ff.
463 Twomey, Understanding the Legal Aspects of Design/Build, S. 115 f.
464 Vgl. Twomey, Understanding the Legal Aspects of Design/Build, S. 10.
465 Twomey, Understanding the Legal Aspects of Design/Build, S. 59.
466 Dixon/Crowell, The Contract Guide, S. 237 f.

bb) Klagefristen

In engem Zusammenhang mit der Haftung selbst steht die Frage nach den Möglichkeiten der Durchsetzung der sich daraus ergebenden Ansprüche. Hier bestehen im U.S.-amerikanischen Recht bedingt durch die unterschiedlichen Anspruchsarten und unabhängig von der eigentlichen Verjährung von Ansprüchen unterschiedliche Ausschlussfristen.[467] Innerhalb dieser Fristen müssen die streitigen Ansprüche gerichtlich geltend gemacht. Bei Package Deals kann es hier zu einer Ausweitung der Fristen zu Ungunsten des Bauunternehmers kommen. Beispielsweise beginnt der Fristablauf für Planungsleistungen regelmäßig mit dem Erkennen oder der zurechenbaren Erkennbarkeit von Planungsmängeln. Das ist regelmäßig der Zeitpunkt der Planungsphase oder deren Abschluss. Bei Package Deals gehen die Gerichte jedoch von einem einheitlichen Leistungszusammenhang von Planung und Fertigstellung aus. Der Fristablauf – auch für Planungsleistungen – beginnt hier erst mit Fertigstellung des Bauwerkes, möglicherweise weit nach Abschluss der planerischen Leistungen.[468]

cc) Streitschlichtung

Die amerikanische Rechtsprechung erkennt bei vorgelagerten Schlichtungsversuchen zu traditionellen Bauvertragsstrukturen die prinzipielle Unabhängigkeit des Architekten im Hinblick auf eine mögliche Rolle als Schiedsrichter an, soweit unstrittig keine Planungsleistungen in Frage stehen.

Eine solche vertragliche Einsetzung als Schlichter bei Streitigkeiten zwischen Bauherrn und Bauunternehmer, wie dies in alternativen Streitschlichtungsmodellen zum Zivil- oder Schiedsgerichtsweg aus Zeit- und Kostengründen geschieht, scheidet jedoch bei Package Deals prinzipiell aus.[469] Es muss folglich für einen vergleichbaren Lösungsweg eine weitere unabhängige Instanz gefunden werden.

dd) Preisrisiko

Hier trägt der Unternehmer bei Pauschal- oder Fixpreisprojekten das Risiko tatsächlich übersteigender Kosten.[470] Es ist fraglich, ob ein Unternehmer im jeweiligen Wettbewerbsumfeld etwa einen Cost-Plus-Contract ohne eine branchenübli-

---

467 Siehe dazu: Twomey, Understanding the Legal Aspects of Design/Build, S. 120 f.
468 Twomey, Understanding the Legal Aspects of Design/Build, S. 120.
469 Twomey, Understanding the Legal Aspects of Design/Build, S. 127.
470 Currie & Hanckock's Common Sense Construction Law, S. 368.

che Fixed-Price-Begrenzung durchzusetzen vermag, um jedenfalls das wirtschaftliche Risiko entscheidend zu reduzieren.

ee) Lizenz- und Registrierungspflichten

Teilweise sehen die einzelnen Bundesstaaten besondere Lizenzpflichten oder Registrierungspflichten speziell für Architekten oder Bauunternehmen vor.[471] Als hybride Unternehmungsform sehen sich Design-Builder daher in den Vereinigten Staaten, je nach bundesstaatlicher Gesetzeslage, besonderen Hürden gegenübergestellt.[472]

In Bundesstaaten, in denen Design-Build durch die betreffenden Registrierungs- bzw. Lizenzierungsvorschriften nur erschwert möglich oder gar ausgeschlossen ist,[473] haben sich alternative Unternehmungsformen herausgebildet (z. B. Design/Build-Construction-Management). So wird in diesen jedenfalls Construction Management in der Gestalt angeboten, dass Construction Manager und Bauunternehmer zwar separat beauftragt werden, der Construction Manager aber sämtliche Arbeiten, also auch die des Bauunternehmers zu koordinieren und zu steuern hat.[474]

ff) Versicherung

Auch Versicherungspolicen sind standardmäßig spezifisch entweder auf die Tätigkeit von Architekten oder Bauunternehmern zugeschnitten. Von der Haftpflichtversicherung eines Architekten sind beispielsweise Bauarbeiten oder Ausführungen innerhalb eines Joint Ventures ausgenommen,[475] während bei Haftpflichtversicherungen für Bauunternehmen die Haftung für Planungsfehler regelmäßig ausgeschlossen ist.[476] Folglich ergeben sich bei den markgängigen Versicherungsprodukten regelmäßig Lücken im Hinblick auf den Versicherungsschutz, sofern ein Architekt oder Bauhandwerker oder Bauunternehmer Haftung und Verantwortung für Tätigkeiten übernimmt, die traditionell nicht seinem Pflichtenkreis zuzuordnen sind.[477]

---

471 Collier, Construction Contracts, S. 189, 195; Sweet, Legal Aspects of Architecture, Engineering, and the Construction Process, S. 327; Levy, Design-Build Project Delivery, S. 289.
472 Twomey, Understanding the Legal Aspects of Design/Build, S. 4; Sweet, Legal Aspects of Architecture, Engineering, and the Construction Process, S. 327 f.
473 Moelmann/Harris, The Law of Performance Bonds, S. 142; vgl. Ward, Packaged Contracts Catch County's Eye, in: Las Vegas Business Press, 03/29/99, Vol. 16 Issue 13, S. 1 f.
474 Twomey, Understanding the Legal Aspects of Design/Build, S. 9.
475 Hinze, Construction Contracts, S. 21.
476 Sweet, Legal Aspects of Architecture, Engineering, and the Construction Process, S. 328.
477 Twomey, Understanding the Legal Aspects of Design/Build, S. 59.

Hier können sich daher bei der Kontrahierungsform von Design-Build Schwierigkeiten für einen individuellen und ökonomisch vertretbar umfassenden Versicherungsschutz des Design-Builders ergeben.[478] Das gilt besonders für die Risikoermittlung und die Darstellung von betreffenden versicherungsmathematischen Mischkalkulationen. Demgegenüber ist jedoch auch zu bemerken, dass der Versicherungsmarkt in den U.S.A. in den vergangenen Jahren zunehmend auf die Veränderungen im Bauwesen reagiert hat. So werden beispielsweise Risiken von Design-Build-Architekten oder im Bereich von Package Deals generell bis auf einige Ausnahmen (z.b. wenn durch die Übernahme von Developer-Funktionen zusätzliche, anders geartete Risiken übernommen werden) durch entsprechende Policen von Spezialversicherern abgedeckt.[479]

gg) Vergabe

Obwohl Design-Build nicht prinzipiell mit Vergabeverfahren unvereinbar ist,[480] sind Vergabeverfahren zumeist an den traditionellen Bauvertragsstrukturen orientiert. Eine alternative Vergabe von Aufträgen im Paket ist zumeist erheblich erschwert oder gänzlich ausgeschlossen.[481]

hh) Investitionsrisiko

Ein Übergang zu Package-Deal-Projekten verlangt, jedenfalls anfänglich, strukturelle Investitionen. Soll Design-Build als dauerhafte Unternehmung etabliert werden (etwa als juristische Person) sowie ein entsprechender Markteintritt vollzogen werden, sind weitere erhebliche Investitionen als zusätzliches, wirtschaftliches Risiko obligatorisch.[482]

---

478 Sweet, Legal Aspects of Architecture, Engineering, and the Construction Process, S. 326; Collier, Construction Contracts, S. 196.
479 Hoyt, Package Deal, in: Architectural Record 1993, S. 37; Beard/Loulakis, Design-Build, S. 391 f.
480 Ogden Dev. Corp. v. Federal Ins. Co., 508 F.2d 583 (2d Cir.1974); Sweet, Legal Aspects of Architecture, Engineering, and the Construction Process, S. 326.
481 Bzgl. weiteren Einzelheiten siehe: Sweet, Legal Aspects of Architecture, Engineering, and the Construction Process, S. 327; vgl. auch den Federal Acquisition Reform Act (FARA) von 1996 aufgrund der gesteigerten Nachfrage nach Design-Build Projekten.
482 Twomey, Understanding the Legal Aspects of Design/Build, S. 63 f.

2. Vorteile

a) Vorteile für den Bauherrn

aa) Umfassende Verantwortlichkeit des Design-Builders

Der bedeutendste Vorteil von Package Deals ist – spiegelbildlich zur Haftung des Design-Builders – darin zu sehen, dass die Verantwortung für Planungs- als auch Ausführungsleistungen und Fehler auf eine natürliche oder juristische Person konzentriert ist.[483] Muss der Bauherr innerhalb der traditionellen Konzeption als Laie im Hinblick auf den Stand der Bautechnik und Abläufe den Informations- und Wissenstransfer zwischen Architekt und Unternehmer sicherstellen, so begründet allein dies ein großes Potential eigener Haftung.[484]

Bei Package Deals fungiert der Bauherr selbst nicht länger als haftungsauslösendes Bindeglied durch die ihm zuzurechnende verantwortliche, administrative Funktion. Die verdoppelte und bereits erörterte bauvertragliche Principal-Agent-Problematik wird faktisch eliminiert.[485] Denn beschäftigt der Bauherr einen unabhängigen Architekten, um die entsprechenden Pläne, technischen Vorgaben (und Vertragsdokumente) vorzubereiten, so trägt der Bauherr jedenfalls gegenüber dem Bauunternehmer die rechtliche Verantwortung für die Zweckdienlichkeit (Angemessenheit) und auch die Richtigkeit dieser Dokumente.[486] Ein Bauunternehmer haftet traditionell folglich prinzipiell so lange nicht für die Ausführung der Planungsunterlagen bis zu dem Punkt, wo er selbst bestimmte Garantien gibt oder nachlässig bzw. fahrlässig Planungsfehler nicht erkennt.[487]

Sollte es nachfolgend zu Streitigkeiten zwischen Bauherr und Bauunternehmer kommen, wird sich dieser Streit folglich auf die Frage konzentrieren, ob die erforderliche Zweckdienlichkeit der vorliegenden Pläne und technischen Daten gegeben ist.[488] In der amerikanischen Literatur gilt es dabei als empirisch belegt, dass Streitigkeiten in einer Vielzahl der Fälle allein deswegen entstehen, weil der Unternehmer die Planung entweder missversteht oder von ihr fehlgeleitet wird. Allein eine mangelbehaftete Koordination hinsichtlich der Ausführung der ver-

---

483 Beard/Loulakis, Design-Build, S. 346, 419 f.; Twomey, Understanding the Legal Aspects of Design/Build, S. 38.
484 Twomey, Understanding the Legal Aspects of Design/Build, S. 38.
485 Vgl. Twomey, Understanding the Legal Aspects of Design/Build, S. 39.
486 Sweet, Legal Aspects of Architecture, Engineering, and the Construction Process, S. 458.
487 Larry Smith v. George M. Gilmer, 488 So.2d 1143 (La.App.1986); John Grace & Co., Inc. v. State Univ. Constr. Fund, 99 A.D.2d 860, 472 N.Y.S.2d 735 (1984).
488 Arcet, Construction Industry Formbook, S. 85.

schiedenen Elemente der Planungen soll bereits zu nennenswerten, aber vermeidbaren zusätzlichen Arbeiten und Kosten führen.[489]

Wenn nun ein Bauherr einen Architekten zusätzlich für die Beaufsichtigung, Prüfung oder Überwachung von Leistungen des Unternehmers bzw. Subunternehmers einsetzt, so erscheint der faktische Nutzen dieser rechtlichen Risikoverschiebung fraglich. Denn auch die mangelnde vertragsgemäße Erfüllung dieser Pflichten bietet in der Praxis fruchtbaren Boden für Auseinandersetzungen.[490] Dem Anliegen einer unmittelbar nachvollziehbaren Haftungsverteilung bei Meinungsverschiedenheiten oder Streit kann daher auch ein vom Bauunternehmer unabhängiger Architekt mit erweitertem Pflichten- und Leistungsspektrum nur eingeschränkt gerecht werden.[491]

Befindet sich der Bauherr jedoch wie beim Package Deal in der Position, vom Unternehmer selbst die Beschäftigung eines Architekten zu verlangen, wandelt sich diese Situation grundlegend. Der Bauunternehmer verliert sämtliche Einwände zu Fehlern bzw. Leistungsstörungen bei der Planung oder der Koordination von Planung und Ausführung.[492] Zudem gilt der Leistungsumfang des Bauunternehmers regelmäßig als exakt abzugrenzen und zu bestimmen.[493] Insofern bedeutet das die denkbar vorteilhafteste Position für den Bauherrn: Er wird rechtlich in der Rolle eines zu beratenden und aufzuklärenden Baulaien gesehen und ihn trifft kein vertragliches Zurechnungsrisiko für die am Bau beteiligten professionellen Akteure.[494]

Vielmehr zahlt der Bauherr einen vereinbarten Preis für eine wohl überlegte, fehlerfrei geplante, angemessen konstruierte und voll funktionsfähige voranschreitende Arbeit. Falls Probleme auftreten, ist es nicht Sache des Bauherrn nachzuforschen und zu beweisen, ob ein Fehler seitens des Unternehmers oder des Architekten vorliegt. Ob der Fehler auf der Planung oder der Ausführung beruht oder aber partiell auf beiden, die rechtliche Verantwortung trägt letztlich allein der Unternehmer.[495]

Diese überwiegende Ansicht erscheint auch durch die Rechtsprechung weitgehend geklärt. Denn sie geht insoweit von der Übernahme einer garantiemäßigen

---

489 Arcet, Construction Industry Formbook, S. 85.
490 Arcet, Construction Industry Formbook, S. 85.
491 Arcet, Construction Industry Formbook, S. 85.
492 Sweet, Legal Aspects of Architecture, Engineering, and the Construction Process, S. 328, 459; Twomey, Understanding the Legal Aspects of Design/Build, S. 116 f., 38 f.; Birnberg, Project Management for Building Designers and Owners, S. 194.
493 Sweet, Legal Aspects of Architecture, Engineering, and the Construction Process, S. 328; Arcet, Construction & The Law, S. 93.
494 Sweet, Legal Aspects of Architecture, Engineering, and the Construction Process, S. 328.
495 Bockrath, Contracts and the Legal Environment for Engineers and Architects, S. 114; Arcet, Construction Industry Formbook, S. 85; Hinze, Construction Contracts, S. 16.

Haftung in Form einer Implied Warranty des Unternehmers aus. Sofern ein Design-Build-Unternehmer eine Bauausführung übernimmt, der Bauherr keine eigene besondere Expertise in Bezug auf das Bauvorhaben aufweist, keine Planungsunterlagen zu liefern hat und sich im Übrigen explizit oder auch nur stillschweigend auf die Erfahrungen und Fähigkeiten des Unternehmers stützen darf, trägt dieser die komplette Verantwortung für den Projekterfolg im Rahmen der vertraglichen Leistungen, die der Bauherr aufgrund der vermittelten Bedürfnisse und Vorstellungen zum Bauwerk erwarten darf.[496]

Eine Ausnahme von dieser umfassenden Haftung kommt nur in den Fällen in Betracht, in denen der vom Bauunternehmer eingesetzte Architekt etwa besonderes Vertrauen in seine eigene Tätigkeit erweckt und damit auch (gegebenenfalls neben dem Design-Builder) direkt haftet.[497] Denkbar sind auch Fälle, in denen dem Bauherrn aufgrund eigener Expertise und aktiver Beteiligung im Stadium der Planung und Ausführung partielle Verantwortung zukommt.[498] Weiterhin kann die Verletzung bestimmter Kooperationspflichten zu einer Haftungsexpansion führen.[499]

Abgesehen von dieser rein rechtlichen Betrachtung der Risikokonzentration ist jedoch zu berücksichtigen, dass gegenläufige Interessen zwischen Architekten, Bauunternehmern und -handwerkern wirtschaftlich de facto ausgeschlossen werden, da nur ein vereinter Erfolg einen gemeinsamen Profit abwirft.[500]

bb) Beschleunigung des Bauprozesses

Ein wesentlicher Vorteil wird bei Package Deals im Vergleich zu den Varianten mit herkömmlichem Design-Bid-Build-Prozess in der Möglichkeit zur Gestaltung der dargestellten beschleunigten Prozessabläufe bei Bauprojekten gesehen (fast track oder auch phased construction).[501]

Denn die traditionelle Gestaltung mit mehreren unterschiedlichen und unabhängigen ausführenden Unternehmen führt in einer Vielzahl von Projekten zu Schnittstellen mit zeitlichen Verzögerungen im Vergleich zu Projekten, bei denen ein Unternehmer für die Ausführung sämtlicher Arbeiten verantwortlich zeichnet. Eine integrierte Ablaufsteuerung ermöglicht dagegen eine erhebliche Verkürzung

---

496 Dobler v. Malloy, 214 N.W.2d 510, 516 (N.D.1973).
497 Nicholson & Loup, Inc. v. Carl E. Woodward, Inc., 596, So.2d 374 (La.App.), bzgl. Ablehnung der Revision siehe: 605 So.2d 1098 (1992).
498 Clovis Heimsath &Assocs., NASABCA 180-1, 83-1 BCA ¶ 16,133.
499 M.A. Mortenson Co., ASBCA 39978, 93-3 BCA ¶ 26,189.
500 Vgl. Twomey, Understanding the Legal Aspects of Design/Build, S. 36.
501 Hoyt, Package Deal, in: Architectural Record 1993, S. 36; vgl. bzgl. Factory-Built Projekten Stephen Winter Associates (Hrsg.), A Community Guide to Factory-Built Housing, S. 12, 17.

des Faktors Zeit bei Bauvorhaben und damit auch im Hinblick auf die zahlreichen handwerklichen Gewerke, was wiederum auch für den Bauherrn einen wesentlichen Aspekt und Kostenvorteil beim Package-Contracting mit sich bringt.[502]

Fast-Track bedeutet zwar wie besagt keine besondere rechtliche Variante. Vom traditionellen Prozess des Planens und der anschließenden Bauausführung weichen Fast-Track-Steuerungsprozesse aber insofern erheblich ab, als bereits erste Ausführungsleistungen parallel zur Planung beginnen und sukzessive mit den weiteren Planungsfortschritten fortgeführt werden.[503]

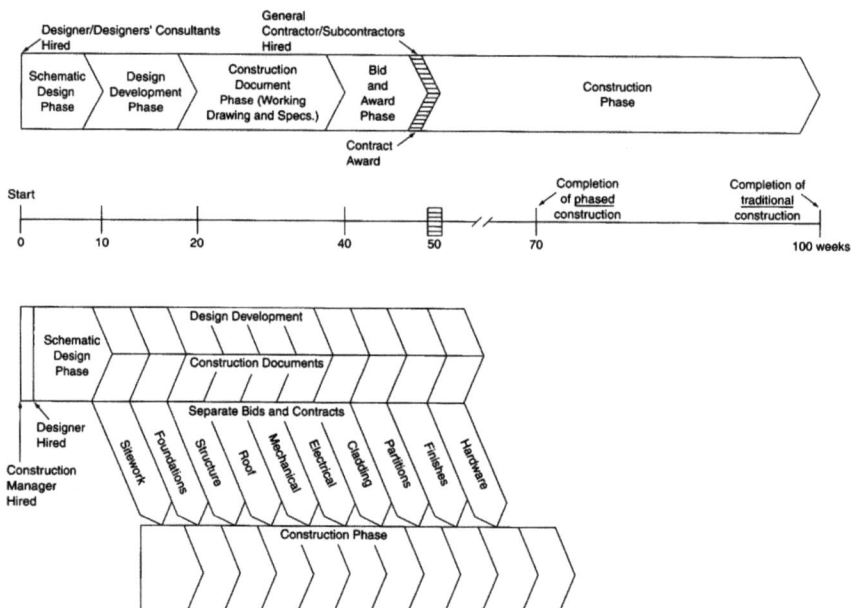

Straight Line und Fast Track im Vergleich; Quelle: Collier, Construction Contracts, Fig. 1.9.2, S. 170

In der Praxis wird dieser Methode in den Vereinigten Staaten daher zunehmend Aufmerksamkeit gewidmet.[504] Zu beachten ist allerdings, dass Phased-Construction bzw. Fast-Track prinzipiell bei jeder Vertragsstruktur, im Grunde

---

502 Seymour, The Multinational Construction Industry, S. 77; Sweet, Legal Aspects of Architecture, Engineering, and the Construction Process, S. 328.
503 Elvin, Integrated Practice in Architecture, S. 24 ff.; Merrit, Building Design and Construction Handbook, sec. 2.2; Hinze, Construction Contracts, S. 16.
504 Sweet, Legal Aspects of Architecture, Engineering, and the Construction Process, S. 314; Schexnayder/Fiori/Knutson/Mayo, Construction Management Fundamentals, S. 52.

damit auch bei der traditionellen, kompatibel angewandt werden kann.[505] Dennoch wird der Begriff zumeist mit Package Deals in Verbindung gebracht und stellt dort den Regelfall dar.[506]

Fast-Track bietet Bauherren ausschließlich bei Package Deals den signifikaten Vorteil, dass der Design-Build-Unternehmer auch für diejenigen Fehler haftet, die darauf beruhen, dass mit den Ausführungsarbeiten begonnen wird, obwohl die Planung zu diesem Zeitpunkt noch nicht umfänglich abgeschlossen ist.[507]

cc) Kooperation bei Planung und Ausführung

Das dargestellte und für den Bauherrn einerseits ungünstige strukturelle Ungleichgewicht beim Zusammenschluss von Planung und Ausführung vermag einen gravierenden Nachteil der traditionellen Vertragsbeziehungen zu beenden: Die Unabhängigkeit des Architekten kann auf der einen Seite zwar eine Kontrolle des Bauunternehmers bewirken, auf der anderen Seite läuft diese Struktur Gefahr, die benannten produktivitätshemmenden „halb-gegnerischen" Beziehungen zwischen Architekt und Bauunternehmer zu provozieren. Jede Partei ist regelmäßig bestrebt, der jeweils anderen Seite Haftungsrisiken zuzuweisen, was eine vertrauensvolle Teamarbeit praktisch auszuschließen kann.[508]

Durch die Bildung ineinander greifender Teams wie bei Design-Build besteht demgegenüber in der Regel eine direkte und permanente Kooperation und Kommunikation während der Planung und in allen Phasen der Ausführung.[509] Dies hat zur Folge, dass sich durch Interaktion und Rückkopplungen der fachkundigen Beteiligten mit gleichlaufenden Interessen fachübergreifende Expertise innerhalb ein und derselben Unternehmung entwickelt.[510] Entscheidungen werden gemeinschaftlich getroffen.[511] In der Folge können Planungs- oder Ausführungsfehler schnell erkannt, fachlich umfassend überprüft und behoben werden, was eine faktische Erweiterung der vornehmlich planerischen Project Peer Review zur Folge hat.[512]

---

505 Twomey, Understanding the Legal Aspects of Design/Build, S. 8.
506 Hinze, Construction Contracts, S. 16; Twomey, Understanding the Legal Aspects of Design/Build, S. 8, 9 f.
507 Twomey, Understanding the Legal Aspects of Design/Build, S. 10.
508 Sweet, Legal Aspects of Architecture, Engineering, and the Construction Process, S. 313.
509 Vgl. Merritt/Ricketts, Building Design and Construction Handbook, Kap.1.13 bereits bzgl. System Design Teams.
510 Sweet, Legal Aspects of Architecture, Engineering, and the Construction Process, S. 328.
511 Twomey, Understanding the Legal Aspects of Design/Build, S. 36.
512 Vgl. Merritt/Ricketts, Building Design and Construction Handbook, Kap.1.14; Sweet, Legal Aspects of Architecture, Engineering, and the Construction Process, S. 312.

Hierzu wird die These vertreten, dass bei den kooperierenden Beteiligten die Fragen danach, was zu bauen ist und welche Leistungen zu erbringen sind, gegenüber der Verständigung auf das „Wie" in den Hintergrund treten. Vielmehr sollen bei intensiver Kooperation und übergreifenden Prozessen Schnittstellen klar definiert oder verringert und damit Kosten reduziert werden.[513]

Sollten dennoch Störungen auftreten, so sind aufgrund der Integration der unterschiedlichen Ebenen von Planung und Ausführung die Weichen für effiziente und weniger formale Lösungen bereits gestellt. Die Beteiligten sind je auf das Erkennen und Beseitigen von gegenseitigen Problemen und Fehlern sensibilisiert.[514]

dd) Kosteneffizienz

Häufig wird von Seiten der Nachfrager an Design-Build die Erwartung einer erheblichen Kosteneinsparung geknüpft.[515]

Neben der benannten Beschleunigung der Abläufe kann ein Bauprojekt in erheblichem Umfang Zeit des Bauherrn binden und dadurch Transaktionskosten verursachen, die bisweilen selten berücksichtigt werden. Denn durch die multilateralen Beziehungen bei traditionellen Vertragsvarianten bestehen komplexe Anforderungen an den wechselseitigen Informationsaustausch. Dieser betrifft die verschiedensten Projektstadien sowie die Abreden zwischen Bauherr, Architekt und Auftragnehmern als Projektbeteiligten.[516] Bei Design-Build ist die Einbindung des Bauherrn demgegenüber auf ein frühes Projektstadium verdichtet.[517] Informationen fließen nachfolgend vorrangig in Richtung des Bauherrn und anschließende Aufwände zwischen Planung und Ausführung befinden sich außerhalb seines Pflichtenkreises.

Weiterhin ergeben sich durch die technische und rechtliche Komplexität im Bereich des modernen Eigenheimbaus Schwierigkeiten für Architekten und Bauunternehmer als Einzelne, die gesteigerten Anforderungen in ihrer Gesamtheit zu überblicken und zu erfüllen.[518] Eine überspannende Expertise der Beteiligten vermag daher neben Qualitätssteigerungen auch eine unmittelbare Reduzierung

---

513 Twomey, Understanding the Legal Aspects of Design/Build, S. 36.
514 Twomey, Understanding the Legal Aspects of Design/Build, S. 37.
515 Hoyt, Package Deal, in: Architectural Record 1993, S. 36; zum Kostenvergleich zwischen konventionellen Bauvorhaben mit Design-Build siehe ferner: Stephen Winter Associates (Hrsg.), A Community Guide to Factory-Built Housing, S. 15.
516 Sweet, Legal Aspects of Architecture, Engineering, and the Construction Process, S. 313.
517 Smith/Merna/Jobling, Managing Risk in Construction Projects, S. 150.
518 Vgl. Sweet, Legal Aspects of Architecture, Engineering, and the Construction Process, S. 313.

seines rechtlichen und damit auch wirtschaftlichen Haftungsrisikos herbeizuführen, wiederum ein für die Kostenkalkulation relevantes Element.[519]

ee) Standardverträge für Design-Build

Auf die verbliebene Rechtsunsicherheit bei Package Deals hat zwischenzeitlich auch das AIA in Folge der ökonomischen Realitäten und regen Nachfrage reagiert – wenn auch mit andauernden Vorbehalten.[520]

Den Mitgliedern ist eine Betätigung im Rahmen von Design-Build-Projekten inzwischen nicht nur ausdrücklich gestattet. Nach zaghaften ersten Aktivitäten Ende der 1980-er Jahre werden inzwischen diverse Standardverträge für die verschiedenen Konstellationen (wie beispielsweise das Muster AIA – 2004, Standard Form of Agreement Between Owner and Design-Builder), speziell für den Bereich Design-Build publiziert und anhand Entwicklungen in der Rechtsprechung weiter entwickelt.[521]

ff) Innovationsanreize

Die Konzentration bei Package Deals vermag einerseits wie beschrieben zu gestalterischem Massen-Design und ökonomischen Standard-Lösungen verleiten. Auf der anderen Seite bieten die „In-House"-Planung und die permanente Koppelung von Planungs- sowie Bautheorie und der jeweiligen Praxis Chancen, aktuelle Trends und technische Neuerungen aufzugreifen und zur Marktreife zu bringen.[522]

gg) Minimierung von Prozessrisiken

Oftmals haben Bauprozesse ihren Ursprung in Streitigkeiten über die vertragskonforme und mangelfreie Erbringung der vereinbarten Planungs- und Bauleistung. Allein die Konzentration von Fachkenntnissen, Erfahrung und Fähigkeiten minimieren Fehlerrisiken und damit auch die abstrakte Gefahr gerichtlicher Auseinandersetzungen, so jedenfalls eine vertretene These.[523]

---

519 Vgl. Merritt/Ricketts, Building Design and Construction Handbook, Kap.1.13 bzgl. System Design Teams.
520 Quatmann/Dhar, The Architect's Guide to Design-Build, S. 3.
521 Levy, Design-Build Project Delivery, S. 314 f.; Hoyt, Package Deal, in: Architectural Record 1993, S. 37; Twomey, Understanding the Legal Aspects of Design/Build, S. 159 ff.
522 Sweet, Legal Aspects of Architecture, Engineering, and the Construction Process, S. 328.
523 Collier, Construction Contracts, S. 181, 192, 194.

Weiterhin verlangt Design-Build wie beschrieben aber auch eine frühzeitige Bedarfsanalyse und Festlegung auf Ziele und Ergebnisse einer Baumaßnahme. Der damit verbundene Prozess der Grundlagenermittlung und Preisfindung durch Verhandlungen führt zu einem tieferen Verständnis der spezifischen Bedürfnisse insbesondere des Bauherrn und vermeidet Divergenzen von Beginn an. Das daraus resultierende verminderte Konfliktpotential lässt sich anhand vergleichender Untersuchungen zur relativen Häufigkeit von Streitigkeiten bei konventionellen Vertragsgrundlagen gegenüber Design-Build auch empirisch belegen.[524]

hh) Abwälzung von Bodenrisiken

Sofern die Beschaffung von Eigentum am Bauland ebenfalls Gegenstand eines Design-Build-Vertrages ist, birgt dies für den Bauherrn bzw. Erwerber den erheblichen Vorteil, dass nicht nur die genannten Registerpflichten bzw. Conveyance-Verfahren dem betreffenden Unternehmer für den Nachweis der Rechtsnachfolge obliegen,[525] sondern er auch die Gewähr für die geologische wie planerische Beschaffenheit des Baulandes und damit ein mehrkostenträchtiges Risiko übernimmt, das ansonsten originär der Bauherr als Grundstückserwerber zu tragen hat.

ii) Optimierte Finanzierung

In den Vereinigten Staaten werden zuweilen im Bereich von Package Deals Finanzierungsmöglichkeiten gemeinsam mit dem Bauprojekt offeriert oder aber es bestehen durch entsprechende Finanzierungsvolumina Kooperationen zu betreffenden Instituten. Sofern eine Finanzierung durch den Design-Builder unmittelbar mit einem Package Deal verbunden wird, besteht bereits im Vorfeld die Möglichkeit, ein individuell zugeschnittenes Finanzierungsprodukt aufzustellen. Jedoch auch für den Fall, dass der Finanzierer ein unabhängiger Dritter sein sollte, kann ein Package Deal als solcher aufgrund der frühen Definition des Ergebnisses und der damit verbundenen preislichen Fixierung der Projekt- und Nebenkosten eine auf den individuellen Bedarf strukturierte Finanzierung ermöglichen. Denn zu diesem Zeitpunkt werden in der Regel auch bereits die Termine zum Bauablauf und die damit verbundenen voraussichtlichen Fälligkeiten bestimmt. Auf den Planungsfortschritt für die eigentliche Ausführungs- und Genehmigungsplanung (soweit erforderlich) kommt es nicht mehr an.

---

524 Twomey, Understanding the Legal Aspects of Design/Build, S. 40.
525 Vgl. Zweigert/Kötz, Einführung in die Rechtsvergleichung, S. 38.

b) Vorteile aus der Sicht des Design-Builders

aa) Synergien und Produktivität

Als wesentlicher Vorteil für Bauunternehmer wird im Hinblick auf Design-Build angeführt, dass sich innerhalb dieses rechtlichen Gewandes eine erhebliche Steigerung der im Bausektor vergleichsweise geringen Produktivität herbeiführen lässt.[526] Die einerseits benannten signifikanten Haftungsrisiken wie auch die notwendigen Personalkostenstrukturen durch die Zusammenfassung von Planung und Ausführung bedürfen auf der anderen Seite einer ökonomisch anreizkompatiblen Überkompensation. Bei Package Deals wird hierfür ein nachhaltiges Maß an Rationalisierung und Industrialisierung über standardisierte Prozesse und Automatisierungen in dem ansonsten handwerklich geprägten Umfeld gesehen.[527]

Denn ein höherer Vorfertigungsgrad bietet nicht nur die Chance, Lohnkosten zu senken, sondern über Standardisierungen auch Fehler zu vermeiden und das rechtliche Haftungsrisiko entscheidend zu vermindern.[528] Fast-Track bietet dabei auch für den Unternehmer unmittelbare und erhebliche Vorteile durch das Ineinandergreifen einzelner Prozesse und Arbeitsschritte.[529] Denn Fast-Track wird bei Package Deals zudem in einem erweiterten Kontext begriffen. Neben den ineinander verzahnten Planungs- und Bauarbeiten sind bei vorheriger Ermittlung der benötigten Baukomponenten, Massen und Kosten auch weitergehende logistische Flexibilisierungen zu erreichen. Beispielsweise können die benötigten Baustoffe bei frühzeitigen, sukzessiv gestaffelten Einkaufsmöglichkeiten zu den jeweils günstigsten Marktpreisen und Einkaufsvolumina beschafft werden.[530] Bei kontinuierlichen logistischen Prozessen und Vertragsbeziehungen entlang der gesamten Wertschöpfungskette von Produktion und Lieferung bis hin zur Verarbeitung von Bauprodukten eröffnen sich darüber hinausgehende Chancen auf synergetische Beziehungsgeflechte zu Lieferanten und Partnerunternehmen.[531]

---

526 Vgl. Hinze, Construction Contracts, S. 2; Stephen Winter Associates (Hrsg.), A Community Guide to Factory-Built Housing, S. 16.
527 Twomey, Understanding the Legal Aspects of Design/Build, S. 35 ff.; S. 53.
528 Stephen Winter Associates (Hrsg.), A Community Guide to Factory-Built Housing, S. 16, gl. Hinze, Construction Contracts, S. 2 f.; Twomey, Understanding the Legal Aspects of Design/Build, S. 57, 59.
529 Collier, Construction Contracts, S. 172, 182, 192.
530 Sweet, Legal Aspects of Architecture, Engineering, and the Construction Process, S. 313, 315; Stephen Winter Associates (Hrsg.), A Community Guide to Factory-Built Housing, S. 16; Birnberg, Project Management, S. 194.
531 Brehm, Organisatorische Flexibilität der Unternehmung, S. 189; zu Kooperationen und Vernetzung bis hin zu Symbiotic Arrangements: Schanze, Symbiotic Arrangements, in: Journal

Eine verkürzte Ausführungsphase bedeutet ebenfalls eine markante Verringerung des unternehmerischen Vorleistungsrisikos während der Bauphase und ermöglicht eine abgestimmte Liquiditätsplanung mit angepassten Zahlungsströmen.[532]

Ein weiterer wesentlicher Vorteil wird in einer effizienten internen Kommunikation beim jeweiligen Bauprojekt gesehen. Denn es bestehen Anreize zur gemeinsamen Problemlösung etwa zwischen Planungs- und Bauabteilung.[533] Und auch in den Bereichen der Baudokumentation von Planung und Ausführung wird eine Verschlankung aufgrund der gemeinsamen Nutzung der administrativen Ressourcen und der erforderlichen Prozessschritte erwartet.[534] Beispielsweise wird die transaktionskostenintensive separate Erstellung diverser Vergabeunterlagen für unterschiedliche Bieter zu unterschiedlichen Gewerken bei dauerhaften Subunternehmer- und Lieferantenbeziehungen zumeist überflüssig.[535]

Zudem kann die gesamte Wertschöpfungskette innerbetrieblicher Prozesse einer umfassenden Unternehmensanalyse, -planung, Kostenkontrolle und einheitlichen Kalkulationsgrundlagen unterworfen werden.[536]

So wird Design-Build neben einer erheblich verkürzten Projektdauer selbst bei konservativer Betrachtung Kostenvorteile von durchschnittlich 4-6 Prozent gegenüber Construction Management und Design-Bid-Build attestiert.[537]

bb) Kontrollmöglichkeiten der Planung und Ausführung

Ein Design-Builder hat im Gegenzug zur umfassenden Haftung die Möglichkeit, sämtliche Abläufe unmittelbar zu beeinflussen und zu kontrollieren. Dies ist auch notwendig, um bei zunehmender Individualisierung und Diversifikation die Vervielfältigung an Möglichkeiten und Produktionsprozessen überhaupt steuern zu können.[538]

Der weitgehende Einfluss und die Kontrolle des gesamten Baugeschehens ermöglichen zudem ein professionelles Qualitätsmanagement und Risikocontrol-

---

of Institutional and Theoretical Economics, S. 693; ders. in: Dictionary of Economics and the Law, S. 554 f; Collins, Regulating Contracts, S. 239.
532 Vgl. Sweet, Legal Aspects of Architecture, Engineering, and the Construction Process, S. 315.
533 Twomey, Understanding the Legal Aspects of Design/Build, S. 36, 52 f.
534 Collier, Construction Contracts, S. 172, 188, 192; Twomey, Understanding the Legal Aspects of Design/Build, S. 54.
535 Twomey, Understanding the Legal Aspects of Design/Build, S. 35; Collier, Construction Contracts, S. 171.
536 Twomey, Understanding the Legal Aspects of Design/Build, S. 53, 57.
537 Levy, Design-Build Project Delivery, S. 6; Schexnayder/Fiori/Knutson/ Mayo, Construction Management Fundamentals, S. 52; weiter gehend: Thomas, Design-Build, S. 13.
538 Twomey, Understanding the Legal Aspects of Design/Build, S. 51.

ling.[539] Bei einer traditionellen Vergabe ist eine gewisse Fehlermarge aufgrund der Schnittstelle Architekt – Bauunternehmer von einem sorgfältigen Kaufmann kalkulatorisch zu erfassen. Bei einheitlicher Auftragsvergabe wirkt sich die vorgelagerte intensive Kommunikation beim Auswahl- und Verhandlungsprozess von Beginn an fehlerminimierend aus.[540] Zudem bestehen schnelle Reaktionsmöglichkeiten bei unvorhergesehenen Änderungen oder aber gewünschten Abweichungen.[541]

Auch in diesem Zusammenhang fördert Fast-Track in Form der Bündelung von Planung und Ausführung mit der korrelierenden Expertise nicht nur die genannten Vorteile auf der Seite des Bauherrn. Im Unternehmen selbst steigt durch den Gesamtüberblick über das Baugeschehen die Sensitivität für eine effektive Kostenkontrolle bei Arbeits-, Lohn- und Materialkosten und die Anwendung fortschrittlicher Konstruktionstechniken.[542]

cc) Harmonisierung der Umsetzung

Faktisch stehen Architekten und Bauunternehmer gegenüber ihrem Vertragspartner bei traditionellen Vertragsstrukturen in einem indirekten Wettbewerb zueinander, zum einen im Hinblick auf die Risikoverschiebung in Richtung des/der jeweils anderen Beteiligten, zum anderen, um die Qualität der eigenen Leistungen hervorzuheben und abzugrenzen. Hier besteht folglich eine Gefahr von Zielkonflikten zwischen Architekt und Bauunternehmer, die das betreffende Bauprojekt beeinträchtigen können.[543]

Wirken Architekten und Ausführende jedoch kooperativ zusammen – wie dies bei Design-Build vorausgesetzt wird – und sind Unstimmigkeiten intern zu lösen, wird dieser „Wettbewerb" für den Bauherrn obsolet. Darüber hinausgehend entwickelt Design-Build ein immanentes Potential für Teamgeist und ein ganzheitliches Unternehmensverständnis im Sinne einer Corporate Identity.[544]

dd) Vermarktung

In diesem Bereich werden Möglichkeiten der Konzeptionalisierung für die Vermarktung der jeweiligen Tätigkeitsschwerpunkte von Design-Build-Unter-

---

539 Vgl. Stephen Winter Associates (Hrsg.), A Community Guide to Factory-Built Housing, S. 17.
540 Vgl. Twomey, Understanding the Legal Aspects of Design/Build, S. 52.
541 Twomey, Understanding the Legal Aspects of Design/Build, S. 54.
542 Sweet, Legal Aspects of Architecture, Engineering, and the Construction Process, S. 312.
543 Twomey, Understanding the Legal Aspects of Design/Build, S. 55, 71.
544 Quatmann/Dhar, The Architect's Guide to Design-Build Services, S. 16; Twomey, Understanding the Legal Aspects of Design/Build, S. 57.

nehmungen gesehen. Es ergeben sich zusätzliche Markteintritts- und -penetrationsmöglichkeiten, z. B. im Hinblick auf die komplette Durchführung von Bauprojekten in eigener Regie oder zusätzliche Angebote bei Finanzierungen. Am weitesten gehen hier umfassende Projektentwicklungen, also der Erwerb von Bauland, dessen Bebauung und Veräußerung nach ökonomischen, architektonisch-ästhetischen und städteplanerischen Gesichtspunkten.[545]

Auch in diesem Bereich können Marktzugangsstrategien und werbliche Aktivitäten gebündelt und konzentriert werden. Die Vermarktung von „Komplettlösungen", wie dies bei Package Deals regelmäßig zu beobachten ist, erfährt gegenüber konventionellen Angeboten zu Bauleistungen zudem eine gesteigerte Wahrnehmung.[546]

ee) Know-How-Transfer

Design-Build-Projekte bieten – so die einschlägige Literatur – für den jeweiligen Unternehmer oder das Unternehmen weiterhin die Möglichkeit, nachhaltig umfassende Fachkenntnisse zu konzentrieren, die das gesamte Spektrum des Leistungsumfangs von Package Deals betreffen und eine professionelle Begleitung von der ersten Anfrage eines Bauinteressenten bis zum Abschluss eines Bauvorhabens erlauben.[547]

ff) Streitschlichtung

Ein Streitschlichtungsmechanismus zwischen Bauunternehmer und Bauherr jenseits der amerikanischen Gerichtsbarkeit, wie er in der amerikanischen Baubranche zunehmend zu beobachten ist, kann für eine Design-Build-Unternehmung besondere Vorteile bieten. In herkömmlichen Beziehungsgeflechten wird dem Architekten eine relativ unabhängige Stellung zugeschrieben. Faktisch ist aber nicht zu leugnen, dass auch Architekten aufgrund ihrer eigenwirtschaftlichen Interessen eine latente Gefahr für Zielkonflikte bieten. Die Idealfunktion als neutraler Streitschlichter ist daher zu bezweifeln.

Für Design-Build ist dieser Mangel einer unabhängigen Instanz von Beginn an offenkundig. Daher wird hier zwangsläufig nach Möglichkeiten und Wegen zu

---

545 Vgl. Collier, Construction Contracts, S. 171, 182; Twomey, Legal Aspects Design/Build, S. 5 f., 11, 30-40; Sweet, Legal Aspects of Architecture, Engineering, and the Construction Process, S. 325 f.; Allen, Developing and Financing in Land-Lease Communities, in: Urban Land, January 1996, S. 35-39.
546 Beard/Loulakis, Design-Build, S. 5; Quatmann/Dhar, The Architect's Guide to Design-Build Services, S. 20; vgl. Twomey, Understanding the Legal Aspects of Design/Build, S. 56 f.
547 Twomey, Understanding the Legal Aspects of Design/Build, S. 70 f.

suchen sein, um unabhängige Sachkundige oder Dritte als Streitschlichter zugunsten einer ergebnisorientierten Wahrung der Interessen beider Parteien zu berufen.[548]

3. Fazit

„Keine Chancen ohne Risiken" so lautet die triviale Behauptung oberflächlicher Betrachtungen, aber auch das pointierte Resümee von differenzierten Untersuchungen. Die vorstehende Gegenüberstellung zeigt deutlich, wie unmittelbar die Vorteile eines Vertragspartners eine Bürde für den jeweils anderen darstellen können; sie sind die zwei Seiten ein und derselben Medaille.

Das bedeutet: Leistungsbündelung, Zeitgewinn, Enthaftung und Wirtschaftlichkeit durch Synergien sind keine „kostenlosen" Güter und Package Deals keine Allzweckwaffe für überforderte Bauherren. Möglicherweise ist hierfür ein überhöhter Preis zu zahlen, rechtlich unsicheres Parkett zu betreten, Architektur „von der Stange" billigend in Kauf zu nehmen und eventuell ist guter Rat nur teuer zu finden.

Aus dem Blickwinkel der rechtlichen Aufarbeitung der Transaktionen zum Themenkomplex Bauen mutet zudem befremdlich an, dass in der Analyse der amerikanischen (wohlbemerkt) Rechtsliteratur rechtliche wie wirtschaftliche Begründungen und Argumente unmittelbar ineinander übergehen und so teilweise untrennbar miteinander verwoben sind. Das dürfte weniger mit einer grundlegend indifferenten Haltung und pauschalierenden amerikanischen Sichtweise zu erklären sein, wo ein deutscher Rechtsgelehrter allein auf der Basis des Rechts argumentieren mag, sondern vielmehr mit der Erkenntnis zusammenhängen, dass – ohne dies hier näher bewerten zu wollen – im amerikanischen Recht und der zugehörigen Literatur Recht und Ökonomie einem auffällig integrierten Verständnis unterliegen.

Das amerikanische Bauvertragsrecht erweist sich im Hinblick auf Systematisierungen durchaus als sperrig. Dennoch haben Package Deals bzw. Design-Build-Konzepte im amerikanischen Recht nicht nur durch die Standardwerke, etwa von Beard/Loulakis, Levy, Quatman/Dhar und Twomey, eine tiefgreifende rechtstheoretische Auseinandersetzung erfahren. Indem Package Deals auch als Resultat einer im Kern überwiegenden ökonomischen Ratio zu begreifen sind, ergeben sich spannende Brückenschläge zu einer weiteren etablierten Disziplin.

---

548 Twomey, Understanding the Legal Aspects of Design/Build, S. 128.

Denn insoweit lässt sich die Entwicklung von Design-Build auch über die ökonomische Analyse des Rechts, verstanden als heuristische Methode, erklären. Nach einer der Kernthesen Posners sollen knappe Ressourcen, über die eine Gesellschaft verfügt, zur Maximierung des Wohlstands insgesamt in die Hand derjenigen Individuen gelangen, bei denen sie den größtmöglichen Nutzen stiften.[549] Das bedeutet umgekehrt auch für die Risiken, dass diese von der Partei zu tragen sind, die sie am besten bestimmen und kontrollieren kann und der im Verhältnis dazu die geringsten Kosten entstehen.[550] Im Idealfall gelangt die dazu erforderliche Summe an Tauschoperationen insgesamt zu einer „effizienten" Zuordnung.[551]

Eine solche knappe Ressource bietet vor allem das Know How der zunehmend komplexen Planung und Ausführung von Bauvorhaben. Die umfassende Haftung für beide Leistungen ist die konsequente Folge.

Konkretisiert man den Grundgedanken der Ökonomischen Analyse des Rechts auf den hier interessierenden Sachzusammenhang, so können auch Rechtsnormen oder Rechtskonstrukte bzw. Rechtsstrukturen darauf hin zu überprüfen sein, inwiefern Rechte und Pflichten „effizient" verteilt werden. Nach den Lehren der Ökonomik entwickelt sich die Nachfrage hin zu anreizkompatiblen, weil (kosten)- effizienten Vertragsstrukturen, so dass Handlungen einer Vertragspartei zwar im originär eigenen Interesse stattfinden, was aber angesichts der jeweiligen Zweck-Mittel-Relation und des Kosten-Nutzen-Vergleichs notwendig zugleich auch Vorteile für die andere Partei zeitigt.[552]

Wird in diesem Sinne der Package Deal als Konzept unter Berücksichtigung der durch die Risikomatrix ermittelten möglichen Vor- und Nachteile daran gemessen, welche besonderen Anreize diese Struktur sowohl für den Unternehmer als auch die private Bauherrenseite birgt, so ergeben sich folgende wesentliche Aspekte:

Ein Bau-Werkunternehmer kann Nachteilen aus der spezifisch umfassenden Haftungsposition als ordentlicher Kaufmann durch Einpreisung der Risiken begegnen. Interessanter dürfte es für ihn allerdings sein, den eigenen Gewinn dadurch zu maximieren, indem er durch die vertikale Integration und die damit verbundenen Synergiepotentiale zum einen diese Risiken minimiert und zum anderen weitere Möglichkeiten der Wertschöpfung erschließt. Ergebnis ist im Ideal-

---

549 Posner, Economic Analysis of Law, S. 9; vgl. Schanze, Ökonomische Analyse des Rechts in den U.S.A, S. 3.
550 Beard/Loulakis, Design-Build, S. 345.
551 Vgl. Posner, Economic Analysis of Law, S. 9; krit. Eidenmüller, Effizienz als Rechtsprinzip, S. 176, 489.
552 Vgl. Posner, Economic Analysis of Law, S. 11; Schanze, Ökonomische Analyse des Rechts in den U.S.A., S. 14 f.; vgl. ferner zu ähnlichen Ansätzen auf Grundlage der Neuen Institutionen Ökonomik: Köster, Marketing und Prozessgestaltung am Baumarkt, S. 23 ff.

fall die termin- und budgetgerechte mangelfreie Verwirklichung von Bauvorhaben mit Preisvorteilen im Wettbewerbskontext und damit die Erfüllung primärer Interessen der Bauherrnschaft. Die asymmetrische Verteilung an Informationen und schuldrechtliche Konzentration von Rechten und Pflichten auf eine einzige Partei mit professioneller Expertise kann für Bauherren folglich die weitestgehende Entlastung und damit eine für beide Seiten effiziente Verteilung und Ausnutzung der „Ressourcen" bedeuten.

Im Hinblick auf die Risikominimierung belegen beispielsweise empirische Erhebungen interessanterweise eine Halbierung der Streitigkeiten bei Design-Build-Projekten allein im Zeitraum 1985 bis 1992.[553]

V. Anwendungsbeispiele für Package Deals im Fertigbau

Die Bezeichnung Factory-Built oder auch Prefabricated (Prefabs), also „fabrikfertig" oder „vorgefertigt" bildet im amerikanischen Eigenheimbau den Oberbegriff für Wohngebäude in Fertigbauweise. Sie beruhen teilweise oder auch gänzlich auf industrieller Vorfertigung.[554] Sie sind ein klassisches Feld für Design-Build.

Während der Anteil an den sogenannten Prefabs um 1966 im Bereich des Eigenheimbaus bereits bei ca. 25 % lag, ist der Marktanteil von Fertighäusern in den Vereinigten Staaten bis Mitte der 1990er Jahre auf etwa 33 % gestiegen, bei einem relativ hohen Anteil von selbst genutztem Wohneigentum in Höhe von etwa 65 %.[555] So hat sich die Fertighausindustrie in Amerika zu dem Wirtschaftszweig der amerikanischen Bauindustrie mit dem rasantesten Wachstum entwickelt, bis hin zu den Anfängen der Immobilienkrise.[556]

---

553 Beard/Loulakis, Design-Build, S. 426; Gransberg/Koch/Molenaar, Preparing for Design-Build Projects, S. 19; zur rapide anwachsenden Nachfrage siehe ferner Solomon/Ivey, Architecture, S. 187.
554 Clough, Construction Contracting, S. 21; vgl. zur übrigen klassischen Abgrenzung des Bauwesens von anderen industriell fertigenden Wirtschaftszweigen: Hinze, Construction Contracts, S. 2 f.
555 Allen, Manufactured-Home Communities Come of Age, in: Commercial Investment Real Estate Journal 1996, S. 36; Rose, The Legal Adviser on Home Ownership, S. 18; Bady, Trying to Make a Difference in Wichita, Kansas, in: Professional Builder 1995, S. 72.
556 Carroll, Manufactured Housing Update, in: Urban Land 1997, S. 43.

1. Factory-Built

Das Wachstum im amerikanischen Fertigbaumarkt wird vor allem damit erklärt, dass neben den Design-Build-Vorteilen, die auch im Fertigbau bei Planung und Ausführung durch einen verantwortlichen Unternehmer umfassend zum Tragen kommen, weitergehende ökonomische und für den Fertigbau spezifische Potentiale gehoben werden.

a) Reduzierte Lohnkosten

Durch die Einsparungsmöglichkeiten einer industriellen Produktion entfallen zahlreiche handwerkliche und damit wirtschaftlich „teure" Tätigkeiten an der Baustelle sowie unproduktive Baustellenwege und Fahrtkosten.[557] Prozessabläufe und Arbeitsbedingungen können unter gleichbleibenden Produktionsbedingungen passgenau abgestimmt werden. Darüber hinaus unterliegen die Warenströme der Baustoffe keiner Feindistribution sondern werden an einem Produktionsstandort zu entsprechenden Einkaufskonditionen gebündelt.[558]

Der wirtschaftliche Deckungsbeitrag, das heißt der Break-Even (bei identischer Leistung im Hinblick auf das zu erstellende Werk) gerät bei zentraler Produktion regelmäßig erst in Gefahr, wenn der entfernungsabhängige Transportaufwand die Vorteile der geringeren Produktionskosten komplett aufzehren würde.[559]

b) Architektur und Konstruktion

Abhängig von den Fertigungsstückzahlen und der Bandbreite an Hausvarianten sind im Hinblick auf die Architektur höhere Investitionen möglich und es werden teilweise externe Architekten und Institutionen für die Bereiche Design, Forschung und Entwicklung hinzugezogen. Entsprechend verhält es sich mit der technischen Konstruktion und Ausführung, wo zuweilen auf umfangreiches und kostspieliges Know How zurückgegriffen wird.[560]

c) Beschleunigte Bauphase

Als wesentlicher Vorteil des Fertigbaus wird das Errichten der Gebäude innerhalb von 1-2 Tagen beschrieben, so dass der Baufortschritt des Rohbaus von

---

557 Warszawski, Industrialized and Automated Building Systems, S. 268 f., der von 40-50% Einsparungen im Hinblick auf die Lohnkosten vor Ort ausgeht.
558 Watkins, The complete Guide to Factory-Made Houses, S. 24 f.
559 Rose, The Legal Adviser on Home Ownership, S. 19.
560 Rose, The Legal Adviser on Home Ownership, S. 19.

Wettereinflüssen und Jahreszeiten unabhängig gestaltet wird, was einen zeitnahen Innenausbau ermöglicht und eine erheblich verkürzte Bauphase erlaubt.[561]

d) Preisgestaltung und Finanzierung

Aufgrund der industriellen Fertigung, zentraler Einkaufswirtschaft und Logistik sowie fixer Subunternehmerverträge werden Leistungen zumeist auf Basis pauschaler Festpreise angeboten und erlauben somit eine treffsichere Ermittlung der Projektkosten und des Gesamtfinanzbedarfs vor Auftragserteilung, was sich wiederum positiv auf die Ermittlung der Finanzierbarkeit und die Finanzierung selbst auswirken kann.[562]

2. Housing and Urban Development

Bei der Gesamtheit von Factory-Built-Gebäuden wird im Wesentlichen zwischen Panelized Homes, Modular Homes oder Manufactured Homes unterschieden.

Als Panelized Homes werden Gebäude bezeichnet, die in Platten- bzw. Tafelbauweise hergestellt und anschließend auf dem Bauplatz montiert werden.[563] Modular Homes wiederum sind Wohnbauten aus mindestens einem Modul, welches zum Bauplatz befördert wird, um dort endgültig mit dem entsprechenden Fundament verbunden zu werden.[564] Manufactured Homes (früher lediglich als Mobile Homes bezeichnet) sind demgegenüber grundsätzlich komplett vorgefertigte ein- oder mehrmodulige Wohneinheiten, die zudem eine auf einem entsprechenden Rahmen beruhende Transportvorrichtung vorweisen und folglich auch später grundsätzlich wieder von der betreffenden Gründung getrennt und zu einem anderen Ort transportiert werden können, auch wenn dies in der Praxis immer seltener zu beobachten ist.[565]

Von rechtlicher Bedeutung ist diese Untergliederung insofern, da für die jeweilige Kategorie unter Umständen unterschiedliche Rechtsvorschriften anzuwenden sind. Im Gegensatz zur Regulierung des konventionellen Wohnungsbaus durch kommunale oder einzelstaatliche Gesetze[566] wurde für Manufactured Homes bereits 1976 der Manufactured Home Construction and Safety Standard Act", des U.S. Department of Housing and Urban Development, daher eher unter

---

561 Warszawski, Industrialized and Automated Building Systems, S. 269 f.; Rose, The Legal Adviser on Home Ownership, S. 19.
562 Rose, The Legal Adviser on Home Ownership, S. 19.
563 Sanders, Developers Turn to Manufactured Housing, in: Land Development 1994, S. 24.
564 Sanders, Developers Turn to Manufactured Housing, in: Land Development 1994, S. 24.
565 Sanders, Developers Turn to Manufactured Housing, in: Land Development 1994, S. 24.
566 Mercer, The Market for Mobile Homes, in: Housing Economics, Jan. 1995, S. 15.

dem Begriff HUD-Code bekannt, eingeführt.[567] Die besondere Bedeutung dieses Regelungswerkes liegt darin, dass die Vorschriften zu vergleichsweise hohen nationalen Sicherheits- und Technikmindeststandards das einzige Bundesgesetz in der amerikanischen Wohnungsbauindustrie darstellen.

Relativiert wird die exponierte Stellung für Manufactured Homes aber inzwischen dadurch, dass die weit gefasste Definition prinzipiell auf sämtliche industriell hergestellten Gebäude anzuwenden ist, also auch wenn die Montage von Gebäudeteilen erst auf dem Bauplatz erfolgt und soweit zumindest eine Unterwerfung unter die Kriterien der HUD-Zertifizierung vorliegt.[568] Somit kann das Gesetz prinzipiell zur Anwendbarkeit auf sämtliche Formen von Factory-Built-Gebäuden führen.[569]

Trotz dieser teilweise gegenläufigen Entwicklungen ist im Hinblick auf die Rechtsvereinheitlichung insgesamt eine kontinuierliche Annäherung divergierender Standards festzustellen und die betreffenden Behörden werden zunehmend mit dem Vorrang des HUD-Codes konfrontiert.[570] Damit werden gleichzeitig die Entwicklungen und Standards für Design-Build im Fertigbau entsprechend kanalisiert.

3. Manufactured Home Communities als integrierte Form des Bauen und Wohnens

Manufactured Home Communities (MHC) werden trotz ihrer Erscheinungsvielfalt insgesamt als Musterbeispiel für die Integration von umfassenden Planungs- und Bauleistungen sowie dem Erwerb von verbundenen Nutzungsrechten an Grund und Boden gesehen.[571] Während diesen Gemeinschaften von industriell hergestellten Wohneinheiten vor etwa 20 Jahren das Image von campingähnli-

---

567 Im Einzelnen Gribb/Czerniak, Manufactured Housing in the Western United States and its Impact on Planning, in: WP 1995, S. 17, 25; Allen, Manufactured-Home Communities Come of Age, in: Commercial Investment Real Estate Journal 1996, S. 36; Sanders, Regulating Manufactured Housing, in: Urban Land 1996, S. 24, 46.
568 Gribb/Czerniak, Manufactured Housing in the Western United States and Its Impact on Planning, in: WP 1995, S. 17.
569 Vgl. Gribb/Czerniak, Manufactured Housing in the Western United States and Its Impact on Planning, in: WP 1995, S. 17; Sanders, Developers Turn to Manufactured Housing, in: Land Development 1994, S. 27.
570 Sanders, Regulating Manufactured Housing, in: Urban Land 1996, S. 46 f.; vgl. ferner Sanders, Developers Turn to Manufactured Housing, in: Land Development 1994, S. 24 f., 28.
571 Allen, Developing and Financing in Land-Lease Communities, in: Urban Land 1996, S. 35 ff.

chen Wohnwagenparks anhaftete, haben auch die MHCs in den vergangenen Jahren eine rasante Entwicklung vollzogen.[572]

Diese Form von Wohngebieten ist in Amerika traditionell mit der industriellen Herstellung von Wohngebäuden in Fertigbau- bzw. Holzbauweise verbunden, was zu einem erheblichen Teil damit zusammenhängt, dass diese Bauformen aufgrund ihrer ursprünglich einfachen Struktur nicht in die bestehende Bebauung einzufügen waren und durch entsprechende regionale Zoning-Vorschriften nur in den Mobile Home Parks zugelassen wurden.[573] Diese Situation hat sich vielerorts mit zunehmender Qualität im Fertigbau bzw. bei den Manufactured Homes nachhaltig gewandelt.[574]

Wesentliches Merkmal U.S.-amerikanischer MHCs ist, dass im Zusammenhang mit der Errichtung solcher Wohnparks nicht nur Entwicklung und Erschließung von Bauland durch private Unternehmen durchgeführt werden, sondern die zu errichtenden Wohneinheiten durch die gleiche Gesellschaft ohnehin vertrieben, geplant und gebaut, häufig aber auch im Verhältnis zum jeweiligen Erwerber finanziert werden.[575] Bei derlei Projekten handelt es sich zudem häufig um sogenannte Land-Lease-Communities, also Gemeinschaften, bei denen der jeweilige Hauseigentümer Eigentum nur am Gebäude selbst, nicht aber am betreffenden Grund und Boden erwirbt, wobei der Wohnpark von der Gesellschaft (zumeist einer Projektgesellschaft im Konzernverbund) nachfolgend auch verwaltet und betrieben wird, sei es durch PPP oder entsprechende Joint Ventures mit den jeweiligen Kommunen.[576]

Diese Struktur erlaubt dem jeweiligen Wohneigentümer besondere Finanzierungsformen, indem ein Finanzierungskonzept in erster Linie hinsichtlich des Eigenheims erstellt wird und Kosten für den Grunderwerb eliminiert sind, was den Gesamtfinanzierungsbedarf erheblich mindert.[577] Denn für Grund und Boden sind langfristige Leasingraten zu erbringen, was dem Betreiber einer MHC wiederum Planungssicherheit und eine langfristig darstellbare Rendite ermöglicht, die wie-

---

572 Zu den vielfältigen Gründen insbesondere Carroll, Manufactured Housing Update, in: Urban Land 1997, S. 43 ff.; zudem Gribb/Czerniak, Manufactured Housing in the Western United States and Its Impact on Planning, in: WP 1995, S. 17 ff.; Allen, Manufactured-Home Communities Come of Age, in: Commercial Investment Real Estate Journal 1996, S. 35 f.,37 f.
573 Maxman/Martin, Manufactured Housing Urban Design Project, in: Urban Land 1997, S. 49.
574 Hullibarger/Wang, Building Fast and Easy, in: Urban Land, 1998, S. 88; Sanders, Developers Turn to Manufactured Housing, in: Land Development 1994, S. 17 f.; vgl. ferner Maxman/Martin, Manufactured Housing Urban Design Project, in: Urban Land 1997, S. 50 f.; Sanders, Developers Turn to Manufactured Housing, in: Land Development 1994, S. 25.
575 Vgl. Allen, Developing and Financing in Land-Lease Communities, in: Urban Land 1996, S. 35 f.
576 Allen, Developing and Financing in Land-Lease Communities, in: Urban Land 1996, S. 37 ff.
577 vgl. Carroll, Manufactured Housing Update, in: Urban Land 1997, S. 43.

derum für externe Investoren interessant sein kann. So rücken MHC-Wohnparks etwa in den Focus von Real Estate Investment Trusts (REIT's), institutioneller oder regionaler kleiner Anleger.[578] Auf diese Weise sind für die Eigentümer von Wohnparks oder entsprechende Investoren jährliche Renditen von 9-11 % nicht unüblich.[579]

Durch den immobilen Charakter der Eigenheime und die daraus erwachsenden rechtlichen und tatsächlichen Konsequenzen sind die jeweiligen Wohneigentümer trotz des fehlenden Eigentums an Grund und Boden dennoch nicht mit Mietern von Einfamilienhäusern zu vergleichen.[580] Eine Kündigung einzelner Bewohner mit der Pflicht, das Wohneigentum zu entfernen, kommt nur in sehr eng umgrenzten, zum Teil gesetzlich geregelten Fällen in Betracht.[581] In der Konsequenz bedeutet dies trotz der Leasingzahlungen faktisch eine eigentümerähnliche Stellung. Belegt wird dies in der Praxis etwa anhand der geringen Fluktuation bei Bewohnern von MHC-Wohnparks.[582]

Soweit die Baulandentwicklung nicht bereits „In-House" erfolgt, sondern zugekauft wird, lässt sich ferner feststellen, dass gewerbliche Developer ihre Planungen auf eine spätere zeit- und kostensparende Bebauung mit industriell vorgefertigten Gebäuden ausrichten.[583]

Auf diese Erscheinungen der Baulandentwicklung und Beplanung haben die örtlichen Planungsbehörden teilweise insofern reagiert, indem für Developer spezielle Beratungssitzungen angeboten werden, noch bevor entsprechende Genehmigungsanträge gestellt werden. So wird zumeist vorab geklärt, welche Vorschriften anzuwenden sind, welche Besonderheiten für das Projekt berücksichtigt werden sollen und welche öffentlichen Belange zu beachten sind. Dementsprechend kann auch die Öffentlichkeit in die Entwicklung aktiv mit einbezogen werden und bei Klärungsbedarf anstelle gerichtlicher Auseinandersetzung in ein Mediationsverfahren münden.[584]

---

578 Allen, Manufactured-Home Communities Come of Age, in: Commercial Investment Real Estate Journal 1996, S. 36 f.; ferner: Allen, Developing and Financing in Land-Lease Communities, in: Urban Land 1996, S. 37 ff.
579 Candoo, Good Investment Alternative, in: Commercial Investment Real Estate Journal 1996, S. 39.
580 Sanders, Regulating Manufactured Housing, in: Urban Land 1996, S. 49.
581 Sanders, Regulating Manufactured Housing, in: Urban Land 1996, S. 49.
582 Allen, Manufactured-Home Communities Come of Age, in: Commercial Investment Real Estate Journal 1996, S. 37.
583 Sanders, Developers Turn to Manufactured Housing, in: Land Development 1994, S. 24.
584 Sanders, Regulating Manufactured Housing, in: Urban Land 1996, S. 49.

D. Bauvertragliche Leistungspakete im deutschen Privaten Baurecht im Vergleich

I. Schlüsselfertiges Bauen als Package Deal?

Wie eingangs erwähnt, besteht auch in der Bundesrepublik ein zunehmendes Bedürfnis nach einem schlüsselfertigen Endprodukt Eigenheim. Die vormals große Bedeutung von „Muskelhypotheken", das heißt kapitalbedarfsherabsetzender Eigenleistungen, schwindet kontinuierlich. Dies mag auch damit zusammenhängen, dass die Bauherrenschicht mit gesellschaftlich höherer Affinität zu handwerklichen Tätigkeiten mit dem Auslaufen staatlicher Förderinstrumente wie der Eigenheimzulage, steigenden Bau- und Baulandpreisen sowie verschärften Finanzierungskriterien erheblich dezimiert zu sein scheint.

Es besteht ein Trend hin zum schlüsselfertigen Objekt und vertraglich integrierten Lösungen.[585] Es wird zudem kaum bestritten, dass Bauunternehmen als „Systemführer" im Bereich Schlüsselfertigbau bei Kosteneinsparungen wirtschaftlich sehr effizient sind.[586]

Zwar wird in der deutschen Baupraxis häufig mit „schlüsselfertigen" Leistungen „aus einer Hand" geworben, jedoch ist mangels rechtlicher Definition der Begriffe häufig fraglich, was genau vertraglich „schlüsselfertig" umfasst und welche Elemente sich bei diesen vermeintlichen Paketen in einer Hand befinden sollen. In der Praxis herrscht die unspezifische Vorstellung dazu vor, das Objekt zu einem vereinbarten Termin mit der vorher festgelegten Ausstattung zu einem bestimmten Festpreis übergeben zu bekommen.[587]

Insoweit ist innerhalb einer vergleichenden Betrachtung herauszuarbeiten, welche der unterschiedlichen Vertrags-, Unternehmereinsatz- oder Haftungsformen das deutsche Recht in Abweichung zu traditionellen Vertragsgestaltungen anbietet. Entscheidend ist dabei, inwiefern ein erweitertes Leistungsspektrum mit den maßgeblichen Elementen Planung und Ausführung ähnlich einem Package Deal zum Tragen kommt, sei es direkt oder indirekt, rechtlich oder wirtschaftlich. Erst dies unterscheidet den Blick auf einen „Warenkorb", gefüllt mit zahlreichen

---

585 Vgl. Elvira Bodenmüller, 40 Jahre BWI-Bau: Aus Tradition in die Zukunft, in: Baumarkt+ Bauwirtschaft 11/2004, S. 34 ff., 39.
586 Weeber/Bosch, Planung plus Ausführung?, S. 10.
587 Burk/Weizenhöfer, Schlüsselfertig bauen, S. 5.

Leistungspositionen innerhalb eines vertraglichen Konstruktes, von vertraglich integrierten Lösungen.

II. Die verschiedenen Unternehmereinsatzformen mit Leistungspaketen im Vergleich

Nach Unternehmereinsatzformen differenzierte Bauverträge dienen vor allem der exakten Kennzeichnung der Leistungsverantwortlichen, der Intensität der Bauleistungsverpflichtungen und der zugehörigen Leistungsbeziehungen.

1. Der General- bzw. Hauptunternehmervertrag

Die Unternehmereinsatzform des Generalunternehmers findet zwar im gesetzlichen Werkvertragsrecht keine Erwähnung, jedoch enthält die VOB in den §§ 4 Nr. 3 Satz 2 VOB/A und 4 Nr. 8, 16 Nr. 6 VOB/B entsprechende Hinweise.[588]

Im Unterschied zum klassischen Bild des Alleinunternehmereinsatzes beim traditionellen BGB-Werkvertrag, nach dem der Besteller den Auftragnehmer zur alleinigen Erbringung sämtlicher Leistungen verpflichtet,[589] erbringt der Hauptunternehmer auch solche Teile der Gesamtleistung, die er selbst nicht ausführen kann. Er beauftragt (z. B. durch Vergabe) Nach- bzw. Subunternehmer, die diese Leistungen erbringen.[590] Bei einer Vergabe der gesamten Bauleistungen an einen einzigen Hauptunternehmer wird dieser als Generalunternehmer bezeichnet.[591]

Enthält die vereinbarte Gesamtleistung die Fertigstellung bis zum gebrauchsfertigen Bauwerk, wird dies grundsätzlich als schlüsselfertiges Bauen bzw. schlüsselfertige Vergabe bezeichnet. Als alleiniger Vertragspartner des Auftraggebers trägt der Generalunternehmer das technische und wirtschaftliche Risiko der Fertigstellung.[592]

Insoweit wird bereits deutlich, dass der Generalunternehmervertrag nach deutschem Recht die umfassende Verantwortlichkeit des Unternehmers für den vereinbarten Leistungsgrad bedeutet. Handelt es sich insoweit um eine schlüsselfertige Leistung, vergleichbar einem Turnkey-Projekt eines General Contractors

---

588 Vgl. Zerhusen, Privates Baurecht, Rn. 898.
589 Leineweber, Handbuch des Bauvertragsrechts, Rn. 334, 336 ff.
590 BGH, BauR 1974, S. 134, 135; Nicklisch/Weick, Einleitung, Rn. 62 f.
591 Langen/Schiffers, Bauplanung und Bauausführung, Rn. 318 ff.; Nicklisch/Weick, Einleitung, Rn. 62.
592 Zerhusen, Privates Baurecht, Rn. 899.

nach amerikanischem Recht, so verbleibt es bei der Haftung des Auftraggebers für Planungsleistungen und sonstige Leistungen jenseits der Ausführung. Der Unterschied zu einem Package Deal ist somit eminent.

Erstaunlich ist in diesem Zusammenhang die Erkenntnis, dass beispielsweise im deutschen Massiv- und Holzfertigbau – anders als in den Vereinigten Staaten – stets genau zu differenzieren ist, ob und inwieweit Planungsleistungen im Leistungsumfang enthalten sind.[593] Denn aus dem Blickwinkel der Praxis ist festzuhalten, dass beispielsweise die Verträge zahlreicher und zum Teil namhafter Fertighaushersteller keine Planungsleistungen und damit Übernahme von Planungsverantwortung vorsehen, im Übrigen aber die gesamte vertraglich vereinbarte Ausführung schulden und folglich als Generalunternehmer anzusehen sind.

Die unbestrittenen Vorteile des Generalunternehmereinsatzes sind allerdings auch nach deutschem Recht, dass die Gesamtkosten zumindest mit Vertragsschluss zu ermitteln sind. Denn der Generalunternehmervertrag zum Einfamilienhausbau wird regelmäßig mit einer Pauschalpreisvereinbarung abgeschlossen und der Auftraggeber hat nur einen Vertragspartner. Der Generalunternehmer ist verantwortlich für die Bauleistungen, die Koordinierung sämtlicher ausführender Arbeiten und entlastet dadurch sowohl den Auftraggeber als auch einen etwa eingeschalteten Architekten, so dass die Gewährleistung zumindest insoweit umfassend ist.[594] Im Vergleich dazu bieten Package Deals – wie aufgezeigt – allerdings darüber hinausgehende relative Planungs- und Kostensicherheit bereits mit oder sogar vor der rechtsverbindlichen Beauftragung der integrierten Planung und Ausführung.

2. Der Totalunternehmervertrag

Der Totalunternehmervertrag unterliegt prinzipiell der gleichen Vertragskonstruktion wie der Generalunternehmervertrag. Zusätzlich werden jedoch hierbei noch Architekten- und Ingenieurleistungen übernommen, von denen der Totalunternehmer einen Teil selbst erbringt, möglicherweise aber einen anderen Teil an Subplaner, bzw. -unternehmer abgibt.[595] Der Totalunternehmer fungiert damit

---

593 Burk/Weizenhöfer, Kauf und Bau eines Fertighauses, S. 101 f., 140; Burk/Weizenhöfer, Schlüsselfertig bauen, S. 19, 12.
594 Schmid in Korbion, Baurecht, Teil 11 Rn. 30; vgl. Schumacher in Korbion, Baurecht, Teil 13 Rn. 1.
595 Langen/Schiffers, Bauplanung und Bauausführung, Rn. 316 f.; Kniffka/ Koeble, Kompendium des Baurechts, 11. Teil Rn. 8; Heiermann/Rusam/Kuffer-Rusam/Weyand, VOB, Einf. zu A § 8 Rn. 29 f.

zugleich als Generalunternehmer und Generalplaner, Planung und Ausführung bilden eine untrennbare wirtschaftliche Einheit.[596]

Bei Bauvorhaben zu privaten Eigenheimen („Kleinvorhaben") wird diese Form des integrierten Bauens (ohne Architekt und/oder Ingenieur) mittlerweile als alltägliche Praxis betrachtet.[597] Als Regelfall dürfte sie angesichts der faktisch uneinheitlichen Handhabung der ausführenden Unternehmen jedoch nicht gelten.

Die Leistungen des Totalunternehmers nach deutschem Recht sind im Wesentlichen die verantwortliche Übernahme der gesamten Planungs- und Bauausführungsleistungen, des zugehörigen finanziellen und terminlichen Risikos sowie der Haftung und Gewährleistung für die Gesamtheit aller damit zusammenhängenden Arbeiten und Lieferungen.[598]

Totalunternehmer sind dabei insbesondere Bauunternehmen (eventuell in der Gestalt von Bauträgern) und ein Teil der Fertighausanbieter, soweit sie nicht Architektenleistungen aus Haftungsgesichtspunkten oder anderen Gründen ausgrenzen.[599] Mögliche Erscheinungsform sind ebenfalls dauerhafte oder projektbezogene Kooperationen von Handwerksunternehmen und Architekten oder aber Konsortien, die als temporärer oder fester Firmenverbund für Projektentwickler oder zukünftige Nutzer selbst Objekte erstellen.[600]

Auch im deutschen Recht erfolgt die Beauftragung des Totalunternehmers bereits nach der Definition von Zielen und funktionalen Anforderungen durch den Bauherrn, also einem frühen Projektstadium.[601] Das entspricht grundsätzlich aus rechtsvergleichender Sicht dem Zeitpunkt des Projektstarts für einen Package Deal nach amerikanischem Recht.

In der Praxis wirft dies jedoch erhebliche Probleme auf, die im U.S.-amerikanischen Recht bereits weitgehend gelöst scheinen. Denn Versicherungsschutz für Planungsleistungen im Rahmen einer zuweilen gesetzlich zwingenden Berufshaftpflichtversicherung (vgl. §§ 4 (6) Nr. 5 HASG, 22 Abs. 2 Nr. 5 BauKaG NRW) besteht dem Grunde nach nur bei freiberuflicher Tätigkeit nach dem Berufsbild der Architekten.[602] Dieser Schutz ist somit bei einem Totalunternehmer zwangsläufig problematisch und nur indirekt zu erlangen, indem er Pla-

---

596 Kapellmann/Messerschmidt-Thierau, VOB, VOB/B, Baubeteiligte und Unternehmereinsatzformen Rn. 8; Weeber/Bosch, Planung plus Ausführung?, S. 29.
597 Weeber/Bosch, Planung plus Ausführung?, S. 53.
598 Weeber/Bosch, Planung plus Ausführung?, S. 29; Gralla, Neue Wettbewerbs- und Vertragsformen für die deutsche Bauwirtschaft, S. 53 f.
599 Burk/Weizenhöfer, Schlüsselfertig bauen, S. 7 f.
600 Weeber/Bosch, Planung plus Ausführung?, S. 29; Gralla, Neue Wettbewerbs- und Vertragsformen für die deutsche Bauwirtschaft, S. 29.
601 Weeber/Bosch, Planung plus Ausführung?, S. 29.
602 Prölss/Martin-Voit/Knappmann, Versicherungsvertragsgesetz, Teil III E IX Rn. 39.

nungsleistungen wiederum vollständig vergibt, also zum Generalunternehmer hinsichtlich der Bauleistungen und zum Totalübernehmer für die Planungsleistungen würde. Denn in die Unternehmung integrierte Architekten sind als unselbstständige Arbeitnehmer eines Totalunternehmers anzusehen. Auch formal selbständigen Architekten und mit ihnen kooperierenden Totalunternehmern droht deshalb nicht nur das sozialversicherungsrechtliche Risiko, dass dieser Vertragsbeziehung Scheinselbständigkeit bescheinigt wird, je enger und ausschließlicher die Zusammenarbeit ausgestaltet ist, was aus ökonomischer Sicht häufig wünschenswert ist.

Ein Design-Build vergleichbarer Totalunternehmer läuft im deutschen Recht vielmehr Gefahr, gegenüber anderen Konstrukten die eigene haftungsrechtliche Absicherung der Planungsrisiken preiszugeben und dadurch einen spürbaren Wettbewerbsnachteil zu erleiden. Denn die deutsche Versicherungswirtschaft verwehrt integrierter Planung und Ausführung aktuell den Zugang zu geeigneten Policen. So ist etwa der Versicherungsschutz eines Architekten bereits bei Beteiligung eines Unternehmens an einem Planungsbüro auf gesellschaftsrechtlicher Ebene eliminiert. Keine Deckung besteht ebenfalls bei eigenen Ausführungsleistungen eines Planers oder Planungsbüros,[603] vgl. Ziff. 1, 4.11 und 6 der besonderen Bedingungen und Risikobeschreibung für die Berufshaftpflichtversicherung von Architekten, Bauingenieuren und beratenden Ingenieuren (BBR).[604] Denn aus vereinbarten Ausführungsleistungen erwachsen die gemäß Ziff. 1.2.1 Allgemeine Versicherungsbedingungen für die Haftpflichtversicherung (AHB, Stand 01/2009) nicht zu versichernden Ansprüche auf Erfüllung bzw. auf Erfüllungssurrogate, deren Erfüllung nach Ansicht des BGH und der Versicherungswirtschaft einem anders gearteten und höherem Risiko unterliegt.[605] Ausschließlich Architektenleistungen sind demgegenüber bei fehlerhafter Tätigkeit versichert, indem der Architekt im Gegensatz zum Baubetrieb kein körperliches sondern geistiges Werk schuldet.[606]

Aus versicherungsrechtlicher Sicht ist das insoweit konsequent, als die Übernahme von unternehmerischen Haftungsquellen jenseits des Berufsbildes von Ar-

---

603 So bereits BGH, Urt. vom 24.04.1971, VersR 1971, S. 557; Prölss/Martin-Voit/Knappmann, Versicherungsvertragsgesetz, Teil III E IX Rn. 42; vgl. ferner LG Düsseldorf, Urt. vom 19.07.2006, 11 O 377/05.
604 Musterbedingungen der unverbindlichen Empfehlungen des Gesamtverbandes der Deutschen Versicherungswirtschaft (GDV), Stand 2009.
605 So bereits BGH, VersR 1971, S. 557.
606 Garbes, Die Haftpflichtversicherung der Architekten/Ingenieure, Rn. 25.

chitekten als kumuliertes Risiko bei der Übernahme Ausführungsrisiken durch den Architekten/ Ingenieur per se ausgeschlossen sein soll.[607]

Prozessual (mit ökonomisch möglicherweise beträchtlichen Konsequenzen) würde sich zudem auswirken, dass der Versicherung eines Totalunternehmers im Falle der gerichtlichen Auseinandersetzung das bei ungeklärter Schadenskausalität gängige Mittel der Streitverkündung gegenüber dem ausführenden Unternehmen abgeschnitten und somit auch kein Regress möglich wäre.

Auf der anderen Seite ist nicht dargelegt, dass Planung und Ausführung unter einem „Dach" das Haftungsrisiko als solches erhöht. Folgt man der dargestellten These, dass bei Package Deals durch die anreizkompatible, weil kosteneffiziente, unmittelbare Kooperation zwischen Planung und Ausführung Fehlerquellen zahlreicher Schnittstellen minimiert werden, dürfte gerade das Gegenteil der Fall sein.

Auf Anfrage werden individuelle Lösungen zwar nicht gänzlich ausgeschlossen, allerdings ist von vorneherein mit einer erheblichen Beaufschlagung aufgrund des versicherungswirtschaftlich unbekannten Terrains zu rechnen.

Auch bei Inhalt und Gestaltung der Verträge und insbesondere allgemeinen Vertragsbedingungen besteht keine vergleichbare Ausgangslage im deutschen Recht. Zwar ist eine relative Rechtssicherheit aufgrund der kautelarjuristischen Praxis und umfangreichen Rechtsprechung zur VOB/B und damit auch zu einzelnen Vertragsbedingungen durchaus gegeben, die regelmäßig als AGB anzusehen sind. Im Vergleich zum amerikanischen Recht und den dort fest verorteten AIA-Standard-Forms existieren allerdings keine übergreifend anerkannten allgemeinen vertraglichen Bedingungen für Bauverträge und erst recht nicht für eine Bündelung von Planung und Ausführung wie etwa bei dem Standard Form of Agreement Between Owner and Design-Builder, A141. Die jeweiligen Standardverträge einzelner Anbieter weichen erheblich voneinander ab.

Der VOB/B wurde als rechtlich einzig vergleichbare Ausgangsbasis im deutschen Recht im Verhältnis zu Verbrauchern bereits durch die Rechtsprechung faktisch die Grundlage entzogen.[608] Diese „Entprivilegisierung" wurde durch den Gesetzgeber zwischenzeitlich durch den neu eingefügten Satz 3 des § 310 Abs. 1 BGB (sowie die Streichungen bei §§ 308 Nr. 5 und 309 Nr. 8b) ff) im Wege der Umsetzung des Forderungssicherungsgesetzes festgeschrieben, indem eine Privilegierung nur noch gelten soll soweit die VOB im unternehmerischen Verkehr ohne inhaltliche Abweichung insgesamt einbezogen wird. Zu berücksichtigen ist

---

607 Garbes, Die Haftpflichtversicherung der Architekten/Ingenieure, Rn. 25; vgl. OLG Düsseldorf, IBR 2003, S. 51.
608 Kritisch bereits zur sukzessiven Aufweichung der Anwendbarkeit: Keldungs, Ist die VOB noch zukunftsfähig, in: Baurecht im Wandel, S. 96 f.

zudem, dass Forderungen nach Muster-Bauverträgen im deutschen Recht vor dem Hintergrund einer AGB-Kontrolle und der Europäischen Klauselrichtlinie[609] erheblichen Bedenken im Hinblick auf eine Freistellung begegnen.[610]

Insoweit erübrigt sich im Weiteren, dass Architektenleistungen und die globale Anwendbarkeit der VOB/B wegen des Bauleistungsbegriffs des § 1 VOB/A ohnehin inkompatibel sind.[611] Jeweilige „Musterbedingungen" haben ihren Ursprung daher zumeist im Lager der jeweiligen Branchenverbände mit eigenwirtschaftlichen Zielen und Interessen.

3. Der Generalübernehmervertrag

Wesentliches Merkmal eines Generalübernehmervertrages ist, dass sich der Auftragnehmer zur Durchführung sämtlicher baubezogener Leistungen verpflichtet, ohne Teile selbst auszuführen.[612] Als Koordinator des Baugeschehens übernimmt er vielmehr das gesamte Baumanagement und führt etwa die Bauaufsicht oder Planungsleistungen in eigener Regie oder durch Beauftragung Dritter aus.[613]

Soweit Architekten- und Ingenieurleistungen erbracht werden, kann zwar auf die Grundzüge zum Architektenvertrag verwiesen werden, jedoch mit der Maßgabe, dass die Verordnung über die Honorare für Architekten- und Ingenieurleistungen selbst nicht anwendbar ist, soweit andere Leistungen (etwa auch Bauleistungen) mit erbracht werden.[614] Insoweit besteht der eingeschränkte Anwendungsbereich der HOAI vom 11. August 2009 im Sinne von § 1 unverändert fort.

Wesentliches Unterscheidungsmerkmal zum Generalunternehmervertrag ist dabei, dass der Generalübernehmer sämtliche Planungs- und Ausführungsleistungen im Sinne eines Werkvertrages mit Geschäftsbesorgungscharakter übernimmt und in eine Auftraggeber-Position einrückt, ohne jedoch selbst Bauherr zu sein.[615] Das bedeutet, dass er als solcher z.B. nahezu sämtliche Planungs- und Werk-

---

609 Richtlinie des Rates 93/13/EWG über missbräuchliche Klauseln in Verbraucherverträgen, ABl. EG Nr. L 95 S. 29.
610 Vgl. bereits zur Diskussion um die Unvereinbarkeit der VOB: Palandt-Heinrichs, BGB § 309 Rn. 76 m. w. N. auch zur Gegenauffassung; a. A. etwa LG Berlin, Urt. v. 07. Dezember 2005, Az.: 26 O 46/05.
611 BGH, BauR 1983, S. 84; 1987, S. 702, 704; Ganten/Jagenburg/Motzke-Jagenburg, VOB/B, Vorbemerkung § 1 Rn. 62 ff.; Heiermann/Riedl/ Rusam-Rusam, VOB, A § 1 Rn. 27 f.; Kapellmann/Messerschmidt-von Rintelen, VOB, Einleitung VOB/B, Rn. 80, anders OLG Hamm, BauR 1987, S. 560 zu Totalunternehmerverträgen zwischen Kaufleuten.
612 Leitzke, Das baurechtliche Mandat, § 2 Rn. 54; vgl. Kniffka/Koeble, Kompendium des Baurechts, 11. Teil Rn. 38.
613 Leineweber, Handbuch des Bauvertragsrechts, Rn. 335.
614 BGHZ 136, S. 1.
615 Zerhusen, Privates Baurecht, Rn. 918 f.

leistungen an Nachunternehmer vergibt, die ihrerseits wiederum Generalunternehmer sein können und weitere Subunternehmer einschalten.

Nachteilig für einen einzelnen Bauherren bei Einschaltung eines Generalübernehmers wirkt sich bei der an sich vorteilhaften Verlagerung sämtlicher Ausführungsleistungen auf einen fachkundigen Unternehmer aus, dass ein solcher Werkvertrag mit Geschäftsbesorgungscharakter erfahrungsgemäß in der Praxis regelmäßig detaillierter Individualvereinbarungen bedarf.[616] Dies dürfte die Übersichtlichkeit und Überschaubarkeit der Leistungspflichten und übernommenen Risiken für den Bauherren ohne entsprechende Sach- und Rechtskunde erheblich einschränken.

Rein rechtlich steht der Bauherr dem Auftraggeber gleich, der mit einem Generalunternehmer kontrahiert. Ökonomisch ist allerdings zu berücksichtigen, dass die Effizienzen professioneller Koordination des Gesamtprojektes im Wettbewerb die Nachteile der Multiplikation der Schnittstellen und des fehlenden direkten Zugriffs auf die Arbeitnehmer des ausführenden Subunternehmers überkompensieren müssen. So müssen die jeweiligen Leistungen zu einem günstigeren Preis einzukaufen sein, als sie ein Generalunternehmer zu erbringen im Stande ist oder aber Abstriche bei Leistungsumfang und/oder Qualität in Kauf genommen werden.

Aus vergleichender Sicht kann ansonsten auf die Ausführungen zum General- und Hauptunternehmervertrag verwiesen werden.

4. Der Totalübernehmervertrag

Dieser entspricht hinsichtlich der Vertragsbeziehungen bis auf die zusätzliche Übernahme von Ingenieur- und Architektenleistungen sowie deren vollständige Vergabe an Dritte grundsätzlich dem Generalübernehmervertrag.[617]

Folglich rückt der Bauherr in seiner Vertragsbeziehung in die vergleichbare Position des Auftraggebers bei Vergabe der Leistungen an einen Totalunternehmer. Entsprechend sind hier die vorangehenden rechtlichen, ökonomischen sowie rechtsvergleichenden Ausführungen zu kumulieren.

Rechtlich bietet diese Variante den Vorteil und bedeutenden Unterschied, dass hier keine vergleichbaren Schwierigkeiten bestehen, das Planungsrisiko versicherungsmäßig abzudecken. Denn der Totalübernehmer wird die Planungsleistung regelmäßig komplett an Architekten und Planungsbüros vergeben. Die Frage der

---

616 Vgl. BGH, BauR 1987, S. 702, 704 m. w. N.
617 Kniffka/Koeble, Kompendium des Baurechts, 11. Teil Rn. 8; Möller/Kalusche, Planungs- und Bauökonomie, Bd. 2 S. 17; Heiermann/ Rusam/Kuffer-Rusam/Weyand, VOB, Einf. zu A § 8 Rn. 33.

organisatorischen Integration stellt sich insoweit nicht, obwohl der Gesichtspunkt der Scheinselbstständigkeit selbstverständlich auch hier zum Tragen kommen kann. Andererseits sind dadurch vergleichbare Effizienzen wie bei der dargestellten Übernahme der Planungs- und Ausführungsleistungen nicht zu erwarten.[618] Denn die Kompetenzen werden in diesem Fall nicht innerhalb des Prozesskettenmanagements einer Unternehmung disaggregiert und neu kombiniert.[619] Damit fehlt es an einem ganz wesentlichen Kriterium für Synergien, Kontrollmöglichkeiten, Know-How-Transfer und Harmonisierung.

5. Der ARGE-Vertrag

Die vertragliche Sonderform des Arbeitsgemeinschafts-Vertrages ist auf der Auftragnehmerseite gekennzeichnet durch einen Zusammenschluss von Bauunternehmen als Arbeitsgemeinschaft (ARGE). Der Abwicklung dient auf der gesellschaftsrechtlichen Ebene nach h. L. regelmäßig eine für die Dauer des Auftrags errichtete GbR.[620] Die verschiedenen zusammengeschlossenen Unternehmer sind in diesem Fall gemeinsam Vertragspartner des Auftraggebers.[621] Ein solcher Zusammenschluss betrifft insbesondere Konstellationen, bei denen ein Unternehmen allein ein Bauvorhaben aus fachlichen, organisatorischen oder finanziellen Gründen nicht allein bewältigen kann.[622]

Tritt eine ARGE demgegenüber gewerbsmäßig und dauerhaft am Markt auf und erfordern Art und Umfang der Tätigkeit einen in kaufmännischer Weise eingerichteten Geschäftsbetrieb gemäß § 1 Abs. 2 HGB, so ist die ARGE kraft Rechtsformzwang[623] eine oHG i.S.v. § 105 Abs. 1 HGB, mit den daraus resultierenden Konsequenzen für die Haftung der oHG als Rechtssubjekt, den Vertrauensschutz und die Publizität, etwa durch die zwingende HR-Eintragung.[624]

Bei einer ARGE handelt es sich regelmäßig um einen Alleinunternehmervertrag.[625] Der ARGE-Vertrag, kann dabei eine vertikale, das heißt einen Zusam-

---

618 Girmscheid, Projektabwicklung in der Bauwirtschaft, S. 179.
619 Schanze, Rechtsvorschriften für die Produktion, in Handwörterbuch der Produktionswirtschaft, S. 1785.
620 BGHZ 146, S. 341; BGH, Beschl. v. 21. Januar 2009, Az.: Xa ARZ 273/08; OLG Karlsruhe, Urt. v. 7. März 2006, Az. 17 U 73/05, IBR 2006, S. 332.
621 Kniffka/Koeble, Kompendium des Baurechts, 11. Teil Rn. 9.
622 Vygen/Joussen, Bauvertragsrecht nach VOB und BGB, Rn. 32.
623 BGHZ 10, S. 91, 97; 32, S. 307, 310.
624 Messerschmidt/Voit-Wolff, Privates Baurecht, §§ 631 ff. BGB, I. Teil, D. Rn. 74 ff.
625 Ingenstau/Korbion-Korbion, Anhang 3 Rn. 5; Zerhusen, Privates Baurecht, Rn. 1002.

menschluss mehrerer Unternehmen verschiedener Fachrichtungen, oder eine horizontale Gliederung bei Unternehmen gleicher Fachrichtung vorsehen.[626]

Rechtsvergleichend lässt sich folglich feststellen, dass innerhalb eines ARGE-Vertrages durchaus die Leistungen von Design-Build zu bündeln sind. Allerdings ist eine ARGE im deutschen Recht durch ihren nicht zwingend, jedoch – wie in § 2.3 ARGE-Mustervertrag[627] vorgesehen – regelmäßig projektbezogenen Zusammenschluss nicht vergleichbar auf Kontinuität angelegt[628] und kann somit nur einen verminderten Beitrag zu Standardisierungen leisten.

Zudem ist die „Freiwilligkeit" des Zusammenschlusses durch die Größe der Projekte bedingt, was für den Einfamilienhausbau – abgesehen von der Vergabe der Entwicklung großer Areale durch eine Unternehmung – in der Regel deshalb nicht zum Tragen kommt, weil die jeweiligen Unternehmen untereinander oder auch mit Planern im unmittelbaren Wettbewerb stehen.

III. Alternative Vertragstypen und Unterformen von Leistungspaketen

1. Bauformen in Zusammenhang mit dem Eigentumserwerb durch den Bauherrn

Wird in Zusammenhang mit einem zu errichtenden Bauobjekt auch Eigentum an Grund und Boden erworben, geschieht dies mittels sogenannter Baumodelle. Während diese Bauform ursprünglich vorwiegend den Verkauf des Grundstücks vor Baubeginn und den Bau nach den oben genannten Formen oder den Verkauf nach der vollständigen Fertigstellung (so genannter Vorratsbau) betraf, haben sich inzwischen Baumodelle herausgebildet, die insbesondere bereits Zahlungen bzw. Teilzahlungen während des Bauablaufs ermöglichen.

a) Der Bauträgervertrag

Bauträger ist jede natürliche oder juristische Person, die gewerbsmäßig Wohnraum zum Zweck der Veräußerung erstellt, das Grundstück bereitstellt, erschließt und die Erstellung des Gebäudes entweder selbst oder durch dritte Unternehmen

---

626 Zerhusen, Privates Baurecht, Rn. 1003.
627 Arbeitsgemeinschaftsvertrag des Hauptverbandes der Deutschen Bauindustrie e. V. (Hrsg.) aus 2005; abgedruckt bei *Burchardt/Pfülb* ARGE-Kommentar, S. 1 ff.
628 Im Einzelnen: Messerschmidt/Voit-Wolff, Privates Baurecht, §§ 631 ff. BGB,I. Teil, D. Rn. 60 ff.

im eigenen Namen, für eigene Rechnung durchführt und sowohl das Baurisiko als auch die Bauherreneigenschaft trägt.[629]

Strukturelle Besonderheit des Bauträgervertrages ist die Verpflichtung des Bauträgers zur Erbringung der Planungs- und Ausführungsleistungen auf seinem Grundstück im eigenen Namen und auf eigene Rechnung oder für Rechnung des Erwerbers.[630] Der Bauträgervertrag wird daher auch als Grundstückskaufvertrag mit Bauverpflichtung bezeichnet.[631] Die grundsätzlich zum Verkauf bestimmten Bauwerke können dabei vor Baubeginn, während der Bauzeit oder nach Fertigstellung veräußert werden.

Dieser gemischt kauf- und werkvertragliche Typus kann letztlich keiner Vertragskonstruktion des BGB zugeordnet werden, weshalb der Bauträgervertrag als Vertrag sui generis angesehen wird. Für diesen Typus ist insbesondere die Erbringung sämtlicher versprochener Leistungen durch den Bauträger als Gesamtpaket charakteristisch.[632] Er unterliegt in seiner Gesamtheit, also auch hinsichtlich der werkvertraglichen Aspekte der Beurkundungspflicht des § 311b Abs. 1 BGB.[633] Ein gewerblicher Bauträger mit einer Erlaubnispflicht nach § 34 c Abs. 1 GewO hat dabei den besonderen Regelungen der Makler- und Bauträgerverordnung (MaBV) zu entsprechen, die insbesondere dem Zwecke der Sicherung der Vermögenswerte des Auftraggebers des Bauträgers dienen soll.[634]

Steuerrechtlicher Natur, aber von großer Relevanz ist zudem die Tatsache, dass bei Bauträgerverträgen hinsichtlich der Veräußerung eines Grundstücks mit einem durch einen Bauträger errichteten Gebäude der Wert des Grundstücks mit dem Gebäude als Bemessungsgrundlage für die Grunderwerbsteuer dient. Dieser Aspekt unterliegt zwar anhaltender Kritik, eine Änderung ist indes nicht zu erwarten. Nach Ansicht des EuGH verstößt die Doppelbesteuerung beim Erwerb vom Bauträger durch Besteuerung der Bauleistung mit Umsatzsteuer und Erhebung von Grunderwerbsteuer auf den Gesamtwert von Grundstück und Gebäude nicht einmal gegen das gemeinschaftsrechtliche Mehrfachbelastungsverbot.[635]

---

629 BGH, BauR 1981, S. 188, 189; Leineweber, Handbuch des Bauvertragsrechts, Rn. 348.
630 zu den Einzelheiten und neueren Entwicklungen siehe insbesondere: Kniffka/Koeble, Kompendium des Baurechts, Teil 11 Rn. 21 f., 59 ff.; Leineweber, Handbuch des Bauvertragsrechts, Rn. 345 ff.
631 Zerhusen, Privates Baurecht, Rn. 922; Nicklisch/ Weick, Einleitung, Rn. 71.
632 BGH, NJW 1986, S. 925, 926; Leineweber, Handbuch des Bauvertragsrechts, Rn. 351 m. w. N.
633 BGH, NJW-RR 1989, S. 198, 199.
634 Zerhusen, Privates Baurecht, Rn. 924.
635 Urteil v. 27.11.2008, C - 156/08 = NZBau 2009, S. 201, 202.

Abhängig davon, ob Bauträger Planungsleistungen selbst erbringen oder vergeben, ist deren Leistungsumfang mit dem des Totalunternehmers bzw. -übernehmers vergleichbar. Rechtsvergleichend ist dem insoweit nichts hinzuzufügen. Die rege rechtsdogmatische und -politische Auseinandersetzung mit Bauträgerverträgen, die in die Einführung und sukzessive Verschärfung der MaBV mündete, schien zwischenzeitlich abgesehen von permanenten Fortentwicklungen durch die Rechtsprechung vorübergehend abgekühlt. In den Fokus rückten dagegen Verbraucherverträge rund um das Thema Bauen insgesamt sowie damit verbunden die Bemühungen, Insolvenzrisiken gegenüber Bauherren und Subunternehmern über das FordSiG und das BauFordSiG zu minimieren. Neu belebt wird die Diskussion zwischenzeitlich durch das rechtspolitische „Forum Bauträgerrecht" der Bundesnotarkammer im Juni 2009, die begleitende rechtsökonomische Studie[636] und die aktuellen Vorschläge des Deutschen Baugerichtstags zur Regelung des Bauträgervertrages im BGB.[637]

Im amerikanischen Recht spielt die Baulandbeschaffung wie dargestellt als zusätzliche Leistungskomponente bei Package Deals eine traditionell elementare Rolle. Ein vergleichbarer Weg ist im deutschen Recht nur unter erschwerten Bedingungen gangbar. Sieht man einmal von den transaktionskostenintensiven Vorgaben der Beurkundungspflicht und der MaBV ab, verbleibt es bei der steuerlichen Ungleichbehandlung. Ökonomisch ist beim Kauf vom Bauträger von vornherein durch den Grunderwerbsteuersatz von 3,5 % (Berlin 4,5%) ein gesetzlich verankerter Wettbewerbsnachteil in dieser Höhe zu kompensieren, d. h. bei identischer Leistung muss der Bauherr beim Erwerb vom Bauträger hierfür einen um 3,5 % erhöhten Preis bezahlen. Diese Steigerung wird aus Unternehmenssicht ohne Druck auf die Marge und angesichts der ohnehin bestehenden Vorfinanzierungsbelastungen für das Bauland nur zu realisieren sein, wenn die Nachfrage entsprechend hoch und Bauland in der betreffenden Lage knapp ist.

b) Der Projektentwickler- bzw. Developer-Vertrag

Noch weitergehender ist das Leistungsspektrum beim Projektentwicklungs-, bzw. Developer-Vertrag.

---

636 Westendorf/Spangenberg, Finanzielle Auswirkungen eines geänderten Sicherheitskonzeptes beim Bauträgervertrag, S. 5 ff.
637 3. Baugerichtstag am 07./08.05.2010, Veröffentlichung der Materialien bislang ausschließlich Online: *http://www.heimann-partner.com/dbgt/mp-content/user_upload/dateien/3dbgtempak5. pdf*, Stand:13.05.2010; weiter gehend die Stellungnahme des Bundesverbandes Verbraucherzentrale vom 27.04.2010: *http://www.heimann-partner.com/dbgt/mp-content/user_upload dateien/vzbv.pdf*, Stand: 13.05.2010.

Gegenstand eines Projektentwicklervertrages ist die Vermarktung eines Grundstücks von Herstellung der Baureife an bis zur schlüsselfertigen Bebauung. Er enthält regelmäßig etwa Pflichten zur Beschaffung der öffentlich-rechtlichen Baugenehmigungen oder Durchsetzung eines Bebauungsplans in Zusammenarbeit mit einer Planungsbehörde, die Entwicklung eines Vermarktungskonzeptes für das bzw. die Grundstücke sowie die planerische Vorbereitung und Realisierung (i.d.R. unter Einschaltung eines beauftragten Generalunternehmers). Erwirbt der Projektentwickler im ersten Schritt zudem Eigentum am betreffenden Grund und Boden, liegt rechtlich ebenfalls ein Grundstückskaufvertrag mit Bauverpflichtung des Verkäufers vor.[638]

Der Regelfall des Projektentwicklervertrages ist damit eine erweiterte Sonderform des Bauträgervertrages, der zwar – meist als Pauschalvertrag – für komplexe, gewerbliche und schlüsselfertig zu erstellende Bauvorhaben Anwendung findet.[639] Für einzelne Bauherren bzw. Interessenten kann er aber dann relevant werden, wenn die Vermarktung eines Gebietes mit Ein- und Zweifamilienhäusern zugrunde liegt. Eine solche Entwicklung ist in der Praxis im Rahmen von Öffentlich-Privaten-Partnerschaften bzw. Public-Private-Partnerships (ÖPP, PPP) in der jüngeren Vergangenheit zu beobachten. Kommunen agieren bei der eigenen Ausweisung und Erschließung neuer Baulandflächen zunehmend zurückhaltend, sei es aus Gründen der regionalen demografischen Entwicklung oder um die Vorfinanzierung der Erschließung großer Flächen aus eigenen, strapazierten Haushalten zu verbannen.

Allein aus der Perspektive des Bauherrn ist diese vertragliche Beziehung identisch zu einem Bauträgervertrag. Denn die Rechtsbeziehungen des Projektentwicklers zum ursprünglichen Grundstückseigentümer und seine Pflichten als Erschließungsträger gegenüber der kommunalen Körperschaft bleiben hiervon unberührt. Aus vergleichender Sicht wird daher auf die Ausführungen zum Bauträgervertrag und die steuerlichen Nachteile verwiesen.

2. Baubetreuer- und Projektsteuerungsverträge

a) Der Projektsteuerungsvertrag/ Baumanagementvertrag

Der Projektsteuerungsvertrag hat zum Inhalt, dass ein Projektsteuerer bei größeren und/oder komplexen Bauvorhaben gewissermaßen in die Position des Auftraggebers einrückt. Er kann daher wesentliche Funktionen des Auftraggebers

---

638 Zerhusen, Mandatspraxis Privates Baurecht, Rn. 833.
639 Zerhusen, Mandatspraxis Privates Baurecht, Rn. 833; Locher, Das private Baurecht, Rn. 16a.

übernehmen, etwa Informations-, Koordinations-, Kontroll- und gegebenenfalls Beratungsleistungen. Der Baubetreuer steuert nach dem rechtlichen Leitbild die Geschehensabläufe bei einem Bauvorhaben in technischer, wirtschaftlicher und rechtlicher Hinsicht.[640] Diese Funktion kann unter Umständen die Auswahl eines an einem Bauvorhaben im Übrigen nicht Beteiligten als Sachwalter des Auftraggebers bedeuten.[641]

Auch nach Entfall des § 31 HOAI a. F. betrifft die Projektsteuerung die Übernahme der in der Vorschrift aufgezählten Funktionen und Tätigkeiten für den Auftraggeber bei einem Projekt mit mehreren Fachbereichen. Das sind etwa die Klärung der Aufgabenstellung, Koordinierung des Projektprogramms, Ermittlung, Koordinierung und Kontrolle der Projektbeteiligten sowie die Fortschreibung der Planungsziele und die fortlaufende Information des Auftraggebers.

Eine schwerpunktmäßige Zuordnung des Projektsteuerungsvertrages zu den gesetzlich geregelten Vertragstypen des Dienst- oder Werkvertrages wurde bisher nicht vorgenommen und kann daher im Einzelfall streitig sein.[642] Eine eigene Planungsleistung oder -verantwortung ist demgegenüber nicht vorgesehen. Ein Projektsteuerungsvertrag kann deshalb insbesondere dann von Vorteil sein, wenn das Know How der klassischen Baubeteiligten Bauherr, Planer und Unternehmer (sowie ggf. von Fachplanern) an die Grenzen stößt und zusätzliche Leistungen wie die Koordinierung und Kontrolle der Bearbeitung von Finanzierungs-, Förderungs- und Genehmigungsverfahren zu erbringen sind, vgl. § 31 Abs. 1 Nr. 8 HOAI a. F.[643]

Aus vergleichender Sicht erscheint der Projektsteuerungsvertrag daher weite Überschneidungen zum Construction Management aufzuweisen, bietet aber keine umfassenden Leistungs- und Haftungskomponenten.

b) Der Baubetreuervertrag

Baubetreuer i. S. v. § 34 c GewO ist, wer gewerbsmäßig Bauvorhaben im fremden Namen und für fremde Rechnung wirtschaftlich vorbereitet oder durchführt.[644] Durch den Baubetreuungsvertrag wurden die klassischen Architektenleistungen um wirtschaftliche Komponenten erweitert. Vom Generalübernehmer

---

640 Elsner, Bauverträge gestalten, Rn. 395 ff.; Locher, Das private Baurecht, Rn. 16b.
641 Elsner, Bauverträge gestalten, Rn. 396.
642 Zerhusen, Mandatspraxis Privates Baurecht, Rn. 837; Locher, Das private Baurecht, Rn. 379d; vgl. BGH, BauR 1995, S. 572, 573.
643 Zu weiteren Einzelheiten siehe: Elsner, Bauverträge gestalten, Rn. 395 ff., 401 ff.
644 BGH, BauR 1981, S. 188, 189.

unterscheidet sich der Baubetreuer im Wesentlichen aufgrund der Betätigung in fremdem Namen und für fremde Rechnung.[645]

Baubetreuung im umfassenden Sinne enthält neben den Planungsaufgaben auch Aufgabenstellungen im Hinblick auf Finanzierung, Vermietung des Objektes sowie steuerliche Themen.

Auch im Rahmen des Baubetreuungsvertrages übernimmt der Baubetreuer gegenwärtig grundsätzlich das gesamte Baumanagement, jedoch nicht im eigenen Namen, sondern er bindet als Stellvertreter des Auftraggebers die Ausführenden vertraglich direkt an den Bauherren. Der Baubetreuer wird folglich lediglich in fremdem Namen und für fremde Rechnung tätig.[646] Die Pflichten des Baubetreuers sind inhaltlich denen der Architekten und Ingenieure angenähert, wobei der Baubetreuervertrag nach dem Schwerpunkt der Leistung nicht zwingend werk-, sondern auch dienstvertraglich ausgestaltet sein kann.[647]

Dies bedeutet für den jeweiligen Bauherren zwar, dass er (wie bei der Projektsteuerung) einen fachkundigen Begleiter für sein Bauvorhaben gewinnt, abgesehen vom mangelfreien Baumanagement und etwaigen Planungsleistungen, jedoch grundsätzlich die Pflichten und Risiken der Erfüllung, Schlechtleistung und etwaige Schäden aus jedem einzelnen Vertragsverhältnis mit den ausführenden Auftragnehmern weiterhin trägt.

Im Vergleich zum Package Deal übernimmt der Baubetreuer wie der Projektsteuerer umfassende Pflichten als „unabhängiger" Sachwalter des Bauherrn zur Gesamtkoordination und Überwachung. Ferner sind ihm die zugehörigen Geschäftsbesorgungen übertragen, die den persönlichen Aufwand des Bauherrn faktisch eliminieren können. Aus Haftungsverteilungsgesichtspunkten vermag aber auch der Baubetreuungsvertrag keine umfassende Bündelungswirkung zu entfalten.

IV. Ergebnis

Soweit im deutschen Rechtskreis schlüsselfertige Leistungen aus einer Hand propagiert werden, führen diese Begriffe zu mehr Klärungsbedarf denn rechtlicher Klarheit.

Die Definition des Fertigstellungsgrades einer Leistung unterliegt wie im amerikanischen Recht allein der Vereinbarung der Parteien. Eingeschränkt ist dieses Prinzip allenfalls durch die allgemeinen Rechtsgrundsätze, dass die Bezeichnung

---

645 Zerhusen, Privates Baurecht, Rn. 921.
646 BGH, BauR 1981, S. 188, 189.
647 Leitzke, Das baurechtliche Mandat, § 1, Rn. 56.

im Geschäftsverkehr nicht irreführend oder insbesondere gegenüber Verbrauchern nicht intransparent verwendet werden darf.

Einen Package Deal in seiner grundsätzlichen Konzeption wird man im deutschen Recht rechtlich wie ökonomisch vergleichbar allenfalls in der Gestalt des Totalunternehmervertrages finden. Soweit die Grundstücksbeschaffung integraler Bestandteil sein soll, ist auf die Figur des Bauträgervertrages zurückzugreifen.

Das Problem fehlenden Versicherungsschutzes für den nicht übermäßig risikoträchtigen Totalunternehmereinsatz ist im deutschen Recht ungelöst. Im Hinblick auf die mögliche Schadenshöhe kann dies für die einzelne Unternehmung existenzgefährdende Folgen haben. Im Einzelfall wird der Minimierung unternehmerisch mit der Desintegration der Planungsleistungen im Rahmen von Totalunternehmerverträgen begegnet. Der die potentiellen Nachteile von Design-Build überschießende Nutzen ist allerdings gerade dann zu erwarten, wenn die zentralen Leistungskomponenten von Planung und Ausführung auch vertikal gebündelt werden.

Trotz der Argumente, die für einen deregulierten und entbürokratisierten Baumarkt sprechen, bietet das deutsche private Baurecht dem Verbraucher als Bauherrn allein auf der Grundlage der §§ 631 ff. BGB in Verbindung mit den Vorschriften zu allgemeinen Geschäftsbedingungen und der Rechtsprechungskasuistik nur unzureichende Antworten. Denn für ihn bedeutet der Bau eines Hauses eine gewichtige finanzielle Disposition und ein existenzielles Risiko. Hier werden Verbraucher in weniger vermögensbedrohlichen Kontexten deutlicher Asymmetrien und fehlender Verhandlungsmacht geschützt.

Indem zuletzt bereits jegliche Änderung eines Vertrages, dem die VOB/B als allgemeine Geschäftsbedingungen zugrunde gelegt wurde, zur Inhaltskontrolle der Klauseln führt, deren Anwendbarkeit bei Geschäften mit Verbrauchern nunmehr aber generell nicht mehr privilegiert ist, hat sich die bislang weit verbreitete Verwendung der VOB/B als Marktstandard und „Motor des Baurechts"[648] erledigt. Unternehmen wie Verbraucher sind auf individuell auf den jeweiligen Unternehmer abgestimmte allgemeine Vertragsbedingungen zurückgeworfen, für deren angemessene Beurteilung der Laie zwangsläufig auf rechtliche Beratung angewiesen ist.

Eine vergleichbare Entwicklung wie in den Vereinigten Staaten, wo der Marktanteil von Design-Build allein von 1985 bis 2004 von weniger als 5 % auf knapp 40 % angestiegen ist und die traditionelle Vergabe von über 80 % auf unter 50 % zurückging,[649] dürfte unter diesen rechtlich wie wirtschaftlich erschwer-

---

648 Ganten/Jagenburg/Motzke-Motzke, VOB/B, Einleitung, Rn. 117 ff.
649 Elvin, Integrated Practice in Architecture, S. 22; bis 2010 wird ein Anstieg auf über 50 % erwartet, so jedenfalls Quatmann/Dhar, The Architect's Guide to Design-Build Services, S. 2.

ten Rahmenbedingungen kaum zu erwarten sein. Der Bedarf hierzulande ist zwar unbestritten, ein kammer- und verbändeübergreifender Konsensprozess oder begleitende regulatorische Maßnahmen sind allerdings nicht ersichtlich.

E. Bauvertragliche Leistungspakete und ihre Zukunft

In der amerikanischen wie deutschen Bauwirtschaft und Rechtspraxis sind bauvertragliche Leistungspakete wie Design-Build und Totalunternehmerverträge etablierte Möglichkeiten, Bauherren integrierte Angebote zu Planung, Ausführung und weiteren Leistungen zu unterbreiten. Die Nachfrage nach „Einfachheit" hat sich in bestimmten Marktsegmenten bewährt und bauvertragliche Leistungspakete haben sich – wie zum Beispiel in Teilen der Holzfertigbaubranche – zu einem festen Bestandteil weiterentwickelt.[650]

Sie ermöglichen bei vertretbaren Risiken die rechtlich am weitesten gehende Entlastung und Enthaftung des Bauherrn bei transparenten strukturellen Nachteilen, obwohl die Verbände der Architekten traditionell im Sinne ihrer gruppenspezifischen Interessen für den Fortbestand der Trennung von Planung und Ausführung Stellung beziehen.[651] Unabhängige fachliche sowie rechtliche Unterstützung erscheint angesichts der vermögensgefährdenden Risiken und der bereits im Eigenheimbau gegebenen Komplexität aber nicht nur bei der integrierten, sondern aufgrund der beschriebenen Zielkonflikte und faktischen „Zwangsgemeinschaft" zwischen Architekten und Bauunternehmern auch bei der traditionellen Variante geboten.

Allerdings hat eine übergreifende Diskussion, wie den veränderten Bedingungen und Bedürfnissen durch einen Systemwechsel Rechnung getragen werden kann, hierzulande erst begonnen.[652] Hier liefert der im Rahmen dieser Untersuchung abgebildete Diskurs zu bauvertraglichen Leistungspaketen im amerikanischen Recht eine differenzierte Aufarbeitung der Chancen und Risiken sowie der rechtlichen Umsetzung.

Dem Grunde nach erweisen sich vertragliche Gesamtarchitektur sowie Argumentationen aus vergleichender Perspektive in weiten Teilen deckungsgleich. Trotz unterschiedlicher Traditionen und Entwicklungen sind erhebliche Schnittmengen bei den institutionellen Rahmenbedingungen, den allgemeinen bauvertraglichen Grundlagen und den herkömmlichen Konzepten festzustellen. Dies gilt auch für die dargestellten strukturellen Probleme getrennter Planung und Ausführung sowie vertraglich integrierte Antworten.

---

650 Vgl. Weeber/Bosch, Planung plus Ausführung?, S. 109, 45.
651 Weeber/Bosch, Planung plus Ausführung?, S. 6 f., 115 f.
652 Weeber/Bosch, Planung plus Ausführung?, S. 123.

Aus rechtsökonomisch-vergleichender Perspektive werden der Konzentration von Planung, Ausführung und eventuell weiteren schuldrechtlichen Verpflichtungen große Chancen einer effizienten Ausnutzung der vorhandenen Ressourcen zugeschrieben.[653] Ein Bauherr kann der offenkundigen Informationsasymmetrie und der Vertragsmacht des Unternehmers mit unabhängiger Hilfe begegnen. In der Praxis existieren hier über die Begleitung durch TÜV- oder andere Sachverständige mit festgelegtem Überwachungsspektrum preiswerte und gängige Produkte. Der Unternehmer seinerseits kann das Risiko der umfassenden Haftung aus den Leistungspaketen einpreisen oder – soweit möglich – zu vertretbaren Bedingungen versichern.

Effizienzvorteile für Leistungspakete bestehen schließlich durch die vertikale Integration und die damit verbundenen Synergien sowie Steigerung der Produktivität. Hierdurch lassen sich Bauvorhaben im Idealfall nicht nur termin-, budgetgerecht und mangelfrei verwirklichen, sondern auch Kostenvorteile generieren, die beiden Seiten zu einer Win-Win-Situation verhelfen. Denn beide Seiten verfolgen gleichermaßen das Ziel, Kosten zu sparen. Wenn der Unternehmer folglich in die Lage versetzt wird, durch die Zusammenführung von Planung und Ausführung sowie sämtlicher administrativer Tätigkeiten „schlankere" Lösungen und beschleunigte Prozessabläufe zu erarbeiten, so ist er für die Erlangung von Wettbewerbsvorteilen nicht darauf verwiesen, auf einen Teil seines Ertrags zu verzichten. Er kann günstigere Preise bei prinzipiell vergleichbaren Kostenstrukturen durch die Steigerung der Produktivität überkompensieren und unter Umständen mit sinkendem Umsatz ein besseres Ergebnis erwirtschaften. Mittel- und langfristig wird dies zwangsläufig auch nicht zum Arbeitsplatzabbau, sondern verbesserten Marktchancen führen.

Rein rechtlich am nächsten kommen den Package Deals des U.S.-amerikanischen Rechts im deutschen Recht prinzipiell Totalübernehmer-, Totalunternehmer- und Bauträgerverträge. Die Frage, ob im Hinblick auf die Planung Outsourcing oder Reintegration wie beim Totalunternehmervertrag dem Grunde nach rechtlich und ökonomisch zu bevorzugen ist, erscheint augenblicklich offen. Innerhalb des Bauträgervertrages sind dabei beide Varianten abzudecken.

Die aktuelle Versicherungspraxis zur Architektenhaftpflicht verleitet rechtlich zu der ersten Variante. Die Nachfrage sowie die zu Design-Build aufgeführten Vorteile wie die Gestaltung beschleunigter Bauprozesse, Koordination und Kontrollmöglichkeiten innerhalb einer Unternehmung sowie der Know-How-Transfer

---

653 Weeber/Bosch, Planung plus Ausführung?, S. 122.

sprechen demgegenüber trotz kontinuierlicher fachlicher Spezialisierung für die wirtschaftliche Reintegration und damit „echte Totalunternehmungen".[654]

Eine große Herausforderung für alle Beteiligten bedeutet die im deutschen Rechtskreis durchschnittlich lange Verfahrensdauer bei Streitigkeiten im privaten Baurecht. Sie sind ein wahrscheinliches, aber ökonomisch unproduktives Ereignis beim Baugeschehen. Mehrjährige Prozesse verhindern zeitnahen Rechtsfrieden und verschlingen volkswirtschaftlich betrachtet Unsummen, etwa für Anwälte, Gerichte oder Gutachter, die außer Relation zum Streitwert stehen können.[655] Hier bietet das amerikanische Recht effiziente Instrumente außergerichtlicher Streitschlichtung, die im deutschen Recht weitgehend ungenutzt bleiben[656] oder aber gegenüber Verbrauchern nach geltender Rechtslage AGB-rechtlich unzulässig wären.[657] Die Abwicklung von Streitigkeiten vor Schiedsgerichten hat bislang überhaupt erst beim Anlagenbau und Großbauvorhaben eine breitere Akzeptanz gefunden.[658]

Noch vorzugswürdiger als eine effiziente und kurze Verfahrensdauer zur Streitbeilegung erscheint jedoch die Vermeidung von Streitigkeiten von Beginn an. Hierzu ist eine transparente und „faire" Vereinbarung nach den Grundsätzen der Klarheit des Vertragsinhalts und der Vertragsbestandteile von wesentlicher Bedeutung.[659]

Zu dieser Streitvermeidung trägt im amerikanischen Rechtskreis die weite Verbreitung und Akzeptanz vertraglicher Musterbedingungen für die unterschiedlichsten Konstellationen und auch Design-Build-Varianten bei. Dies entspricht dem amerikanischen Grundverständnis, dass Risiken und ausgewogene Regelungen unter Partnern eher durch Verträge als durch Kodifikation und gesetzgeberische Eingriffe zu erreichen sind. Die Inhalte und Nutzung der einheitlichen Musterverträge des American Institute of Architects, die von unterschiedlichen Verbänden und Institutionen weithin anerkannt sind, bedeuten somit einen weiteren gravierenden Unterschied zu der gegenwärtigen Situation im deutschen Recht. Dennoch gibt es selbstverständlich auch in den Vereinigten Staaten weitere gruppenspezifische Entwürfe oder unternehmensbezogene Muster, denen be-

---

654 Zur Durchbrechung singulär unternehmungsbezogener Betrachtung inesbesondere Schanze, Symbiotic Arrangements, in: Journal of Institutional and Theoretical Economics, S. 693.
655 Zerhusen, Privates Baurecht, Rn. 1016; Mandelkow, Chancen und Probleme des Schiedsgerichtsverfahrens in Bausachen, S. 7 ff.
656 Maas, Baurechtler im Wandel, in: Baurecht im Wandel, S. 357.
657 Korbion/Locher/Sienz, AGB und Bauerrichtungsverträge, S. 273; differenzierend: Egner, Außerprozessuale Streiterledigung, S. 172 ff., 180 ff.
658 Maas, Baurechtler im Wandel, in: Baurecht im Wandel, S. 357 f.
659 Motzke, Strategie des Bauprozesses aus der Sicht des Auftraggebers, in: Der Bauvertrag in der Praxis, S. 125.

stimmte Interessen zugrunde liegen. Außerdem wird in den Dokumenten selbst empfohlen, aufgrund der individuellen Bedürfnisse bei jedem einzelnen Bauprojekt und etwa damit einhergehenden Änderungen, unabhängige rechtliche und auch versicherungsrechtliche Beratung einzuholen.[660]

Nicht zu bestreiten ist, dass die Musterbedingungen des AIA trotz ihrer für den deutschen Juristen auf den ersten Blick sperrigen Architektur mit den Instructions, dem eigentlichen Agreement und den Anlagen (terms and conditions, determination of the cost of the work, insurance and bonds) maßgeblich zu den aktuellen Rechtsstandards und deren Weiterentwicklung beigetragen haben. Dies ist umso beachtlicher als sich diese Entwicklung in einem deregulierten und weitgehend der Privatautonomie unterliegendem Umfeld vollzogen hat, dessen Grenzen durch das Case Law abgesteckt sind.

Auf eine solche Evolution im deutschen Recht zu warten, wäre jedoch naiv. Wirtschaftliche wie private Transaktionen sind tief verwurzelt in die kontinentaleuropäische Kodifikationstradition und die gesetzlichen Vorgaben. Eine freiwillige Selbstbeschränkung der Marktteilnehmer im Bereich des privaten Baurechts zur Vereinbarung einheitlicher vertraglicher Mindeststandards scheint (jenseits sich möglicherweise daraus ergebender kartellrechtlicher Probleme) mittelfristig ohne Aussicht auf Erfolg. Zu unterschiedlich und vielfältig wirken die Interessen, Akteure und rechtlichen Gestaltungsmöglichkeiten. Eine von Wirtschafts- und Verbraucherverbänden getragene Initiative, die sich auf solche Musterbedingungen – vergleichbar der VOB/B – einigen könnte, ist nicht zu erkennen.

Es bleibt damit weiter die Möglichkeit einer Regulierung durch ein kodifiziertes Bauvertragsrecht. Denn die §§ 631 ff. BGB bieten lediglich das abstrakt generelle Auffangbecken für den „Typus" Bauvertrag.[661] Dies gilt umso mehr, als die VOB/B nunmehr keine praktikable bzw. rechtssichere Grundlage im Verhältnis zu Bauherren beim Eigenheimbau darstellt und einzelne Klauseln im jeweiligen konkreten Kontext auf ihre wirksame Verwendung hin zu untersuchen sind.[662] Genau hier setzen die anhaltenden Appelle in weiten Teilen der Literatur zum Bauvertragsrecht vor und nach der Schuldrechtsreform zur Errichtung eines eigenständigen und gesetzlich normierten Bauvertragsrechts an. Wie die Verfasser des Freiburger Entwurfs und jüngst der betreffende Arbeitskreis des 3. Deutschen Baugerichtstags 2010[663] fordern sie mit einleuchtenden Argumenten, insbe-

---

660 Vgl. AIA141, Instructions S. 1.
661 Vgl. Voit, Gedanken zum gesetzlichen Leitbild des Bauvertrags bei der AGB-Kontrolle, in: Rechtshandbuch des ganzheitlichen Bauens, S. 268.
662 Markus/Kaiser/Kapellmann, AGB-Handbuch Bauvertragsklauseln, Rn. 55 f.
663 *http://www.heimann-partner.com/dbgt/mp-content/user_upload/dateien/3dbgtempfehlung. pdf; http://www.heimann-partner.com/dbgt/mp-content/user_upload/dateien/3dbgtAK1.pdf;* weitergehend die Stellungnahme von Verbraucherzentrale Bundesverband, Bauherrenschutz-

sondere unter Berücksichtigung der täglichen Bedürfnisse der Baupraxis und getragen von Industrie, Verbraucherschützern und Bauanwälten, eine entsprechende Gesetzesinitiative ein.[664] So gelangt etwa auch eine aktuelle rechtsvergleichende Studie zu Kernfragen des privaten Baurechts in Deutschland, England, Frankreich, den Niederlanden und der Schweiz zu der Empfehlung, ein mögliches deutsches Reformvorhaben doppelspurig anzulegen, indem zu erwägen sei, einige wenige Sonderregelungen in das BGB zu integrieren, die Verbraucherverträge in diesem Bereich angemessen zu berücksichtigen und parallel dazu ein spezielles Musterklauselwerk auszuarbeiten.[665] Solchen Bestrebungen scheint prinzipiell auch die EU-Kommission ungeachtet der Klauselrichtlinie aufgeschlossen gegenüberzustehen.[666]

Indem allerdings nicht einmal der Bedarf an abstrakt generellen Regelungen für das Bauvertragsrecht allgemein anerkannt ist, wird deutlich, in welchem Dilemma sich das deutsche private Baurecht augenblicklich befindet und welch weiter Weg noch zurückzulegen ist. Eine Berücksichtigung der Bedürfnisse im privaten Eigenheimbau und spezifisch der anwachsenden Nachfrage nach integrierten Lösungen dürfte damit auf lange Sicht erst recht nicht zu erwarten sein. So ist aber ebenfalls überlegenswert, ob nicht gerade dieser aus dem Kodifikationsverständnis unzulängliche Zustand eine effiziente Verteilung der Ressourcen innerhalb eines verhältnismäßig freien Marktes durch den Markt selbst provoziert, zumindest was Konstrukte und vertragliche Gestaltungsmöglichkeiten angeht.[667]

Folglich bleibt kurzfristig abzuwarten, bis die aktuellen Unklarheiten durch die für Verbraucherverträge erledigte VOB/B beseitigt sind. Danach wird zu beobachten sein, ob und wie sich nicht ohnehin einheitliche und zugleich effiziente vertragliche Bedingungen im Wege der Selbstregulierung des Marktes auf der Grundlage desbestehenden Rechts und der ausgiebigen AGB- und bauvertrags-

---

bund und Verband Privater Bauherren: *http://www.heimann-partner.com/dbgt/mp-content/user_upload/dateien/verbraucher.pdf;* Stand: je 13.05.2010.

664 Voit, Gedanken zum gesetzlichen Leitbild des Bauvertrags bei der AGB-Kontrolle, in: Rechtshandbuch des ganzheitlichen Bauens, S. 268, 270; vgl. ferner den Vorschlag von Leyherr, Die Privilegierung der VOB/B, S. 149 ff.

665 Pfeiffer/Hess/Huber, Rechtsvergleichende Untersuchung zu Kernfragen des privaten Bauvertragsrecht, Kurzfassung, S. 1., vgl. Abschlussbericht, S. 132 ff.; Darstellung, Wertung und Anwendung der Ergebnisse, S. 1 ff.

666 Bericht der Kommission vom 27.4.2000, KOM (2000) 248 endg., Ziff. 56, Mitteilung der Kommission an den Rat und an das Europäische Parlament zum Europäischen Vertragsrecht vom 11.7.2001, KOM (2001), 398 endg., Ziff. 29.

667 Vgl. Posner, Recht und Ökonomie, in: Ökonomische Analyse des Rechts, S. 85 f.; vgl. ferner zur beschriebenen Informationssymmetrie der Akteure: Schwalbe, Das Effizienzkonzept der Wirtschaftstheorie, S. 62 f.

rechtlichen Rechtsprechung sowie europarechtlichen Vorgaben herauskristallisieren. Denn dass die Verwendung allgemeiner Vertragsbedingungen beim Abschluss von Bauverträgen auch künftig unvermeidliche Praxis sein wird, ist nicht zu bestreiten.[668]

Bei einem weiter anwachsenden Bedarf an schlüsselfertigen Leistungen mit integrierter Planung wird sich zudem die Versicherungswirtschaft den Antworten auf die bisher ungelösten Fragen der Versicherung von bauvertraglichen Leistungspaketen nicht dauerhaft entziehen können.

Denn wenn der anhaltenden Zunahme und Profitabilität von bauvertraglichen Leistungspaketen in den Vereinigten Staaten in den vergangenen beiden Jahrzehnten[669] in Deutschland trotz der erschwerten Bedingungen noch eine ähnlich ansteigende Nachfrage im Bereich von Totalunternehmerverträgen bevorsteht, sind hier die mit Abstand größten Wachstumspotentiale in einem demographisch ansonsten schwierigen Umfeld zu erschließen. Folglich wird die Bauwirtschaft in der Praxis dem Wettbewerbsdruck ausgesetzt sein, bei steigendem Bedarf auf die Belange privater Bauherren entsprechend zu reagieren, um unabhängig von den unzulänglichen rechtlichen Rahmenbedingungen bedarfsgerecht abgestimmte Lösungen zu bauvertraglichen Leistungspaketen anzubieten.

Dies ist ein Weg, der in der Bundesrepublik bislang nur von einigen Systembau-Anbietern erfolgreich beschritten wird. Künftig werden Leistungspakete im Sinne der Praxis der U.S.-amerikanischen Package Deals angesichts Überforderung und steigender Sicherheits- und Sicherungsbedürfnisse auf Seiten der Nachfrager eine immer größere Bedeutung auch im deutschen Rechtskreis gewinnen.

Da die Regelungsdichte und Regelungsunübersichtlichkeit sowie die damit verbundenen rechtlichen Risiken ständig wachsen, werden jedenfalls aus der Sicht der Nachfrager die Vorteile von bauvertraglichen Leistungspaketen im Sinne der U.S.-amerikanischen Package Deals immer deutlicher.

---

668 Markus/Kaiser/Kapellmann, AGB-Handbuch Bauvertragsklauseln, S. V.
669 Vgl. Elvin, Integrated Practice in Architecture, S. 22; Levy, Design-Build Project Delivery, S. 74 f.

Literaturverzeichnis

Abramowitz, Ava J., Architect's Essentials of Contract Negotiation, New York City, New York 2002

Albern, William F., Factory-constructed housing developments: Planning, Design, and Construction, Boca Raton, Florida 1997 (zit.: Albern, Factory Constructed Housing Developments)

Allen, George, Developing and Financing in Land-Lease Communities, in: Urban Land, January 1996, S. 35-39

–: Manufactured-Home Communities Come of Age, in: Commercial Investment Real Estate Journal, Sep/Oct. 1996, S. 35 ff.

Arcet, James, Construction &The Law, 3rd ed., Los Angeles 2001

Ashworth, Allan, Pre-Contract Studies, Development Economics, Tendering & Estimating, 2nd ed., Maldern, Massachusetts 2002

Bady, Susan, Trying to Make a Difference in Wichita, Kansas, in: Professional Builder 1995, S. 72 ff.

Bamberger, Heinz G./*Roth*, Herbert, Kommentar zum Bürgerlichen Gesetzbuch (BGB), §§ 611 – 1296 ErbbauVO, WEG: Band 2, 2. Auflage, München 2008, Bearbeiter: Voit, Wolfgang (zit.: Bamberger/Roth-Bearbeiter, BGB)

Bashford, David Hill, The State of Construction Suretyship, in: Construction 2005, Vol. 72, Issue 2, S. 13 f.

Beale, Hugh, Contract Law, 2nd ed., Oxford 2009

Beard, Jeffrey L/*Loulakis,* Michael C., Design-Build: Planning through Development, New York City, New York 2001

Beckmann, Roland M./*Matusche-Beckmann*, Annemarie (Hrsg.), Versicherungsrechts-Handbuch, München 2004, Bearbeiter: von Rintelen, Claus (zit.: Beckmann/Matusche-Beckmann-Bearbeiter, Versicherungsrechts-Handbuch)

Birnberg, Howard G., Project Management for Building Designers and Owners, 2nd ed., Boca Raton, Florida, 1999

Blumenwitz, Dieter, Einführung in das anglo-amerikanische Recht, 7. Auflage, München 2003

Bockrath, Joseph T., Contracts and the Legal Environment for Engineers and Architects, 6th ed., New York City, New York 2000

Bodenmüller, Elvira, 40 Jahre BWI-Bau: Aus Tradition in die Zukunft, in: Baumarkt+ Bauwirtschaft 2004, S. 34 ff.

Brehm, Carsten R, Organisatorische Flexibilität der Unternehmung, Bausteine eines erfolgreichen Wandels, Wiesbaden 2003

Bundesminister der Justiz (Hrsg.), Abschlussbericht der Kommission zur Überarbeitung des Schuldrechts, Köln 1992

Burchardt, Hans-Peter/*Pfülb*, Wolfgang, ARGE-Kommentar, Juristische und betriebswirtschaftliche Erläuterungen, Hrsg. vom Hauptverband der Deutschen Bauindustrie; Zentralverband des Deutschen Baugewerbes, 4. Auflage, Gütersloh 2006

Burk, Peter/*Weizenhöfer,* Günther, Schlüsselfertig bauen, Mit dem Fertighausanbieter oder Generalunternehmer auf eigenem Grundstück, Stuttgart 2007

–: Kauf und Bau eines Fertighauses, Massiv- und Holzbauweise, Hrsg. Verbraucherzentrale Nordrhein-Westfalen e. V., Düsseldorf 2005

Canaris, Claus-Wilhelm, Die Reform des Rechts der Leistungsstörungen (Vortrag auf der Zivilrechtslehrertagung am 31.3.2001 in Berlin), in: JZ 2001, S. 499 ff.

Candoo, Ross, Good Investment Alternative, in: Commercial Investment Real Estate Journal 1996, S. 39

Carrol, Jeff, Manufactured Housing Update, in: Urban Land, March 1997, S. 43 ff.

Chang, Ivy (Hrsg.), Risky Business, in: Construction Bulletin 2005, Vol. 289, Issue 3, S. 10 ff.

Clough, Richard Hudson, Construction Contracting, New York City, New York 1986

Coester-Waltjen, Dagmar/*Mäsch*, Gerald, Übungen im Internationalem Privatrecht und Rechtsvergleichung, 2. Auflage, Berlin, 2001

Collier, Keith, Construction Contracts, 3rd ed., Upper Saddle River, New Jersey 2001

Collins, Hugh, Regulating Contracts, Oxford 1999

Diederichs, Claus Jürgen, Der Bauprozess und der Bausachverständige aus der empirischen Sicht der Gerichte und der Industrie- und Handelskammern, in: NZBau 2004, S. 490 ff. (zit.: Diederichs, Der Bauprozess und der Bausachverständige)

Dixon, Sheila A./*Crowell*, Richard D, The Contract Guide, DPIC's Risk Management Handbook for Architects and Engineers, Monterey, California 1997

Dörfler-Collin, Carola, Baurecht für den Praktiker. Der Leitfaden für Auftraggeber und Auftragnehmer, Renningen-Malmsheim 2001 (zit.: Dörfler-Collin, Baurecht für den Praktiker)

Egner, Marcus, Außerprozessuale Streiterledigung im Bauvertrag auf der Grundlage der VOB-Vertragsbestimmungen, Diss., Frankfurt 2000

Eidenmüller, Horst, Effizienz als Rechtsprinzip, Möglichkeiten und Grenzen der ökonomischen Analyse des Rechts, 3. Auflage, Tübingen 2005

Elsner, Thomas, Bauverträge gestalten – Architekten-, Bauwerk-, Subunternehmer- und Projektsteuerungsvertrag, Köln 2000 (zit.: Elsner, Bauverträge gestalten)

Elvin, George, Integrated Practice in Architecture, Mastering Design-Build, Fast-Track, an Building Information Modelling, Hoboken, New Jersey 2007

Fields, Alan/*Fields*, Denise, Your New House, The alert consumers guide to buying and building a quality home, 4th ed., Berkeley, California 2002

Ganten, Hans/*Jagenburg*, Walter/*Motzke*, Gerd (Hrsg.), Vergabe- und Vertragsordnung für Bauleistungen Teil B, 2. Auflage, München 2008 (zit.: Ganten/Jagenburg/Motzke-Bearbeiter, VOB)

Garbes, Michael, Die Haftpflichtversicherung der Architekten/Ingenieure, 2. Auflage, Karlsruhe 2004

Girmscheid, Gerhard, Strategisches Bauunternehmensmanagement: Prozessorientiertes integriertes Management für Unternehmen in der Bauwirtschaft, Heidelberg 2006

–: Projektabwicklung in der Bauwirtschaft: Wege zur Win-Win-Situation für Auftraggeber und Auftragnehmer, 2. Auflage, Heidelberg 2007

Gluch, Erich/*Dorffmeister*, Ludwig, Langfristig nur moderates Wachstum der Baunachfrage in Deutschland, in: ifo Schnelldienst 62 (07) 2009, S. 20 ff.

Gransberg, Douglas D./*Koch*, James E./*Molenaar*, Keith R., Preparing for Design-Build Projects, A Primer for Owners, Engineers, and Contractors, Reston, Virginia 2006

Gralla, Mike, Garantierter Maximalpreis, GMP-Partnering-Modelle – Ein neuer und innovativer Ansatz für die Baupraxis, Leitfaden der Bauwirtschaft und des Baubetriebs, Stuttgart 2001 (zit.: Gralla, Garantierter Maximalpreis)

–: Neue Wettbewerbs- und Vertragsformen für die deutsche Bauwirtschaft, Produktivitätssteigerung und partnerschaftliche Zusammenarbeit durch den Einsatz innovativer Wettbewerbs- und Vertragsformen, Diss., Berlin 1999

Gribb, William J./*Czerniak*, Robert J. Manufactured Housing in the Western United States and Its Impact on Planning, in: WP Oct./Nov. 1995, S. 17 ff.

Grziwotz, Herbert, Schuldrechtsmodernisierung und Gestattung von Verträgen im öffentlichen Recht und Städtebaurecht, in: BauR 2001, S. 1839 ff.

–: Städtebauliche Verträge und AGB-Recht, in NVwZ 2002, S. 391 ff.

Hageman, Jack M., Contractor's Guide to the Building Code, 5th ed., Carlsbad, California 1998

Halpin, Daniel W./*Woodhead*, Ronald W., Construction Management, 2nd ed., Hoboken, New Jersey 1998

Hay, Peter, US-Amerikanisches Recht, Ein Studienbuch, 4. Auflage, München 2008

Heiermann, Wolfgang/*Riedl*, Richard/R*usam*, Martin, Handkommentar zur VOB Teile A und B, Rechtsschutz im Vergabeverfahren, Bearbeiter: Weyand, Rudolf, 11. Auflage, Wiesbaden 2008 (zit.: Heiermann/Riedl/Rusam-Bearbeiter, VOB)

Hertwig, Stefan (Hrsg.), Privates Baurecht, Textausgabe/ mit einer Einführung von Stefan Hertwig, München 2001

Hinze, Jimmie, Construction Contracts, New York City, New York 1993

Hoffmann-Becking, Michael/*Rawert*, Peter (Hrsg.), Beck'sches Formularbuch Bürgerliches, Handels- und Wirtschaftsrecht, 9. Auflage, München 2006, Bearbeiter: Locher, Ulrich (zit. Bearbeiter, in: Beck'sches Formularbuch Bürgerliches, Handels- und Gesellschaftsrecht)

Hök, Götz-Sebastian, Handbuch des internationalen und ausländischen Baurechts, Heidelberg 2005

Howes, Rodney/*Tah*, Joseph H. M., Strategic Management Applied to International Construction, Reston, Virginia 2003

Hoyt, Charles K., Package Deal, in: Architectural Record, November 1993 VOL. 181, Issue 11, S. 36-37

Hullibarger, Steve/*Wang*, Paul, Building Fast and Easy, in: Urban Land, June 1998, S. 87 ff.

Ingenstau, Heinz/*Korbion*, Hermann (Begr.), *Vygen*, Klaus/*Locher*, Horst (Hrsg.), VOB, Teile A und B, 16. Auflage, Düsseldorf 2007, Bearbeiter: Vygen, Klaus; Kratzenberg, Rüdiger; Joussen, Edgar (zit.: Ingenstau/Korbion-Bearbeiter, VOB)

Jung, Wolfgang/*Klöckner*, Bernd W., Handbuch für Bauherren, Planen – Finanzieren – Bauen, Niedernhausen 2001

Kapellmann, Klaus/*Messerschmidt*, Burkhard, VOB Teile A und B, Vergabe- und Vertragsordnung für Bauleistungen mit Vergabeverordnung (VgV), Reihe Beck'sche Kurzkommentare, Bd. 58, 2. Auflage, München 2007, Bearbeiter: Thierau, Thomas (zit.: Kapellmann/Messerschmidt-Bearbeiter, VOB/B)

Kappel, Ivonn, in: Bundesgeschäftsstelle Landesbausparkassen (Hrsg.), Markt für Wohnimmobilien 2008, Daten – Fakten –Trends, Stuttgart 2008

Keldungs, Karl-Heinz, Ist die VOB noch zukunftsfähig?, in: Vygen, Klaus/Sienz, Christian (Hrsg.), Baurecht im Wandel, Festgabe für Steffen Kraus zum 65. Geburtstag, München 2003

Kirsch, Daniela, Public Private Partnership : eine empirische Untersuchung der kooperativen Handlungsstrategien in Projekten der Flächenerschließung und Immobilienentwicklung, in: Schriften zur Immobilienökonomie, Band 4, Köln 1997 (zit.: Kirsch, Schriften zur Immobilienökonomie)

Kleine-Möller, Nils/*Merl*, Heinrich (Hrsg.), Handbuch des privaten Baurechts, 3. Auflage, München 2005

Kniffka, Rolf, Anspruch und Wirklichkeit des Bauprozesses, in: NZBau 2000, S. 1 ff.

–: Das gesetzliche Bauvertragsrecht, ibr-online-Kommentar Bauvertragsrecht, Online-Kommentar zu den Grundzügen des gesetzlichen Bauvertragsrechts (§§ 631 - 651 BGB) unter besonderer Berücksichtigung der Rechtsprechung des Bundesgerichtshofs, Stand: 26.05.2009

–: IBR Interview, Deutscher Baugerichtstag will Einfluss nehmen auf die Gesetzgebung, in: IBR 2005, S. 653 ff. (zit.: Kniffka, IBR Interview)

Kniffka, Rolf/*Koeble*, Wolfgang, Kompendium des Baurechts, Privates Baurecht und Bauprozess, 3. Auflage, München 2008 (zit.: Kniffka/Koeble, Kompendium des Baurechts)

–: Kompendium des Baurechts, Privates Baurecht und Bauprozess, 2. Auflage, München 2004 (zit.: Kniffka/Koeble, Kompendium des Baurechts, 2. A.)

Korbion, Hermann/*Locher*, Horst/*Sienz*, Christian/*Locher*, Ulrich, AGB und Bauerrichtungsverträge, 4. Auflage, Neuwied 2006 (zit.: Korbion/Locher/Sienz, AGB und Bauerrichtungsverträge)

Korbion, Hermann (Hrsg.), Baurecht, Bearbeiter Schmid, Mathias; Schmidt, Axel; Schumacher, Gerd, Köln 2005 (zit.: Bearbeiter in Korbion, Baurecht, Teil, Rn.)

Köster, Dieter, Marketing und Prozessgestaltung am Baumarkt, Diss., Wiesbaden 2007

Kraus, Steffen, Baurechtlicher Ergänzungsentwurf zum Schuldrechtsmodernisierungsgesetz des Instituts für Baurecht Freiburg e.V. (IfBF), in: ZfBR 2000, S. 513 ff.

Kraus, Steffen/*Vygen*, Klaus/*Oppler*, Michael, Ergänzungsentwurf zum Entwurf eines Gesetzes zur Beschleunigung fälliger Zahlungen, in: BauR 1999, S. 964 ff.

Kuffer, Johann/*Wirth*, Axel, Handbuch des Fachanwalts Bau- und Architektenrecht, Bearbeiter: Ulbrich, Benno, 2. Auflage, Köln 2008 (zit.: Kuffer/Wirth-Bearbeiter, Bau- und Architektenrecht)

Kyrein, Rolf, Baulandentwicklung und Baulandrealisierung in Public Private Partnership, München 2000

Langen, Werner/*Schiffers*, Karl-Heinz, Bauplanung und Bauausführung, Eine ablauforientierte Darstellung der juristischen, baubetrieblichen und organisatorischen Gemeinsamkeiten und Unterschiede der konventionellen und schlüsselfertigen Baudurchführung, München 2005

Leineweber, Anke, Handbuch des Bauvertragsrechts, Baden-Baden 2000

Leupertz, Stefan, Baustofflieferung und Baustoffhandel, Im juristischen Niemandsland, in: BauR 2006, S. 1648 ff.

Leitzke, Walther, Das baurechtliche Mandat, Band 1: Privates Baurecht, 3. Auflage, Bonn 2002

Levy, Sidney M., Design-Build Project Delivery, New, York City, New York 2006

Leyherr, Susanne, Die Privilegierung der VOB/B, eine Untersuchung der praktizierten Übertragung der 1982 vom Bundesgerichtshof festgestellten Ausgewogenheit auf die VOB/B in der Fassung 2002, Diss., Berlin 2007

Locher, Horst/*Locher*, Ulrich, Das private Baurecht, Lehrbuch für Studium und Praxis, 7. Auflage, München 2005 (zit.: Locher, Das private Baurecht)

Loewenberg, James R., Speedy and Efficient 'Design-Build-Light' is Easing Owners Worries, in: Engineering News-Record, 11/13/2006, Vol. 257 Issue 19, S. 37

Löffelmann, Peter/*Fleischmann*, Guntram, Architektenrecht, Kommentar zu Honorar und Haftung, 5. Auflage, Köln 2005

Maas, Arndt, Baurechtler im Wandel – Ein Plädoyer für außerstaatliche Konfliktlösung im Bauwesen auch anhand eines Einzelschiedsverfahrens des Jubilars nach der SOBau der ARGE Baurecht im DAV, in: Vygen, Klaus/Sienz, Christian (Hrsg.), Baurecht im Wandel, Festgabe für Steffen Kraus zum 65. Geburtstag, München 2003

Macaulay, Stewart/*Kidwell*, John/*Whitford*, William/*Galanter*, Marc, Contracts: Law in Action, Wisconsin 1995

Mandelkow, Dieter, Chancen und Probleme des Schiedsgerichtsverfahrens in Bausachen, Düsseldorf 1995

Markus, Jochen/*Kaiser*, Stefan/*Kapellmann,* Susanne, AGB-Handbuch Bauvertragsklauseln, 2. Auflage, Köln 2008

Maser, Axel, Baurecht nach BGB und VOB/B, IBR Print & Online (www.ibr-online.de), Stand: 04.06.2007, Printausgabe: Mannheim 2005

Maxman, Susan/*Martin*, Muscoe, Manufactured Housing Urban Design Project, in: Urban Land, March 1997, S. 49 ff.

Maxwell, Judith H.B., Surety Bonds, in: ASHRAE Journal, Vol. 47, Issue 2, S. 62

McGuerty, Dave/*Lester*, Kent, The Complete Guide to Contracting Your Home, White Hall, Virginia 1986 (zit.: McGuerty/Lester, The Complete Guide to Contracting)

McIntyre, Marla, Today's Surety Market and You, in: Construction Bulletin 2005, Vol. 289, Issue 3, S. 20 f.

Medicus, Dieter, Der Regierungsentwurf zum Recht der Leistungsstörungen, in: ZfBR 2001, S. 507 ff.

Meier, Frank, Bauversicherungsrecht, Haftungsfragen und Versicherungsschutz für Architekten, Ingenieure und Bauunternehmen, Berlin 2006

Mercer, Dan, The Market for Mobile Homes, in: Housing Economics, Jan. 1995, S. 15 ff.
Merritt, Frederick S./*Ricketts*, Jonathan T. (Hrsg.), Building Design and Construction Handbook, 5th ed., New York City, New York 1994
Messerschmidt, Burkhard/*Voit*, Wolfgang, Privates Baurecht, Kommentar zu §§ 631 ff. BGB, Aktualisierung Januar 2009, Bearbeiter: Richter, Thomas, von Rintelen, Claus; Wolff, Reinmar (zit.: Messerschmidt/Voit-Bearbeiter, Privates Baurecht)
Moelmann, Lawrence R./*Harris*, John T. (Editors), The Law of Performance Bonds, Chicago, Illinois 1999
Möller, Dietrich-Alexander/*Kalusche*, Wolfdietrich, Planungs- und Bauökonomie, Band 2, Grundlagen der wirtschaftlichen Bauausführung, 5. Auflage, München 2007
Motzke, Gerd, Strategie des Bauprozesses aus der Sicht des Auftraggebers, in: Der Bauvertrag in der Praxis für Verwalter und Bauträger, hrsg. vom Evangelischen Siedlungswerk in Deutschland e. V., Köln 2003
Münchner Kommentar zum Bürgerlichen Gesetzbuch, Säcker, Jürgen/Rixecker, Roland (Hrsg.), Band 4, Schuldrecht Besonderer Teil, §§ 611-704, EFZG, TzBfG, KSchG, Bearbeiter: Busche, Jan, 5. Auflage, München 2009
Murdoch, John, Construction Contracts, Law and Management, 3rd ed., New York City, New York 2001
Nicklisch, Fritz/*Weick*, Günter, VOB, Verdingungsordnung für Bauleistungen Teil B, 3. Auflage, München 2001
Palandt, Otto, Bürgerliches Gesetzbuch, Kurzkommentar, begründet von Otto Palandt, Bearbeiter: Sprau, Hartwig, 68. Auflage, München 2009 (zit.: Palandt-Bearbeiter, BGB)
Peters, Frank, Das Baurecht im modernisierten Schuldrecht, in: NZBau 2002, S. 113 ff.
–: Stellungnahme zum Fragebogen des Bundesministeriums der Justiz für die Ermittlung des Überprüfungsbedarfs im Bereich des Bauvertragsrechts, in: NZBau 2005, S. 270 ff.
Pfeiffer, Thomas/*Hess*, Burkhard/*Huber*, Stefan, in: Bundesministerium für Ernährung, Landwirtschaft und Verbraucherschutz (Hrsg.), Rechtsvergleichende Untersuchung zu Kernfragen des privaten Bauvertragsrechts, Kurzfassung der Forschungsergebnisse in allgemeinverständlicher Sprache, Abschlussbericht und Darstellung, Wertung und Anwendung der Ergebnisse für Zwecke des BMELV, Berlin 2008
Posner, Richard A., Economic Analysis of Law, 7th ed., New York City, New York 2007

–: Recht und Ökonomie, Eine Einführung, in: Assmann, Heinz-Dieter/Kirchner, Christian/Schanze, Erich (Hrsg.), Ökonomische Analyse des Rechts, Tübingen 1993

Preussner, Mathias, Der fachkundige Bauherr, Diss., Düsseldorf 1998

Prölss, Erich R./*Martin*, Anton, Versicherungsvertragsgesetz, Kommentar zu VVG und EGVVG sowie Kommentierung wichtiger Versicherungsbedingungen – unter Berücksichtigung des ÖVVG und österreichischer Rechtsprechung, begr. von Erich Prölss, Bearbeiter: Knappmann, Ulrich, Voit, Wolfgang, 27. Auflage, München 2004 (zit.: Prölss/Martin-Bearbeiter, Versicherungsvertragsgesetz)

Quack, Friedrich, Der Eintritt des Sicherungsfalles bei den Bausicherheiten nach § 17 VOB/B und ähnlichen Gestaltungen, in: BauR 1997, S. 754 ff.

Quatman II, William/*Dhar*, Ranjit, The Architect's Guide to Design-Build Services, Hoboke, New Jersey 2003

Ramsey, Vivian, Construction Law Handbook, London 2007, Stand: 2007

Reichling, Ingrid, Effektivität in baurechtlichen Planungs- und Genehmigungsverfahren: aktuelle Reformvorschläge in nationaler und rechtsvergleichender Sicht, Berlin 1997 (zit.: Reichling, Effektivität in baurechtlichen Planungs- und Genehmigungsverfahren)

Rheinstein, Max, Einführung in die Rechtsvergleichung, 2. Auflage, München 1987

Roquette, Andreas/ *Otto*, Andreas (Hrsg.), Vertragsbuch Privates Baurecht: kommentierte Vertragsmuster, München 2005, Bearbeiter: Hamann, Hartmut; Höß, Stefan; Otto, Andreas (zit.: Roquette/Otto-Bearbeiter, Vertragsbuch privates Baurecht)

Rose, Jerome G., The Legal Adviser on Home Ownership, Boston 1964

Samuels, Brian M., Construction Law, Englewood Cliffs, New Jersey 1996

Sanders, Welford, Developers Turn to Manufactured Housing, in: Land Development, Spring-Summer 1994, S. 24

–: Regulating Manufactured Housing, in: Urban Land, Jan. 1996, S. 46 ff.

Schanze, Erich, Ökonomische Analyse des Rechts in den U.S.A., Verbindungslinien zur realistischen Tradition, in: Assmann, Heinz-Dieter/Kirchner, Christian/Schanze, Erich (Hrsg.), Ökonomische Analyse des Rechts, Tübingen 1993

–: Symbiotic Arrangements, in: Journal of Institutional and Theoretical Economics, Issue 149 (1993), S. 691 ff.

–: Symbiotic Arrangements, in: The New Palgrave Dictionary of Economics and the Law, 3. Auflage, London 1998, S. 554 ff.

–: Rechtsvorschriften für die Produktion, in: Kern, W./Schröder, H.-H. (Hrsg.), Handwörterbuch für die Produktionswirtschaft, S. 1779, 2. Auflage, Stuttgart 1996

–: Anglo-amerikanischer Rechtskreis, in: Görlitz, Axel, Handlexikon zur Rechtswissenschaft, München 1972, S. 19 ff.

–: zum Stichwort „Rechtsvergleichung", in: Görlitz, Axel, Handlexikon zur Rechtswissenschaft, München 1972, S. 361 ff.

Schexnayder, Clifford J./*Fiori*, Christine M./*Knutson*, Kraig/*Mayo*, Richard E., Construction Management Fundamentals, 2nd ed., New York City, New York 2008

Schmidt, Jörg/*Reitz*, Frank, Bauverträge erfolgreich gestalten und managen, Sicherung und Durchsetzung von Vertragsansprüchen, Renningen-Malmsheim 2001

Schmitz, Claus, Sicherheiten für die Bauvertragsparteien, Düsseldorf 2005

Schwalbe, Ulrich, Das Effizienzkonzept der Wirtschaftstheorie, in: Fleischer, Holger/Zimmer, Daniel (Hrsg.), Effizienz als Regelungsziel im Handels- und Wirtschaftsrecht, Frankfurt 2008

Seymour, Howard, The Multinational Construction Industry, New York City, New York 1987

Sienz, Christian, Die Neuregelungen im Werkvertragsrecht nach dem Schuldrechtsmodernisierungsgesetz, Sonderheft 1a BauR 2002, Sonderheft 1 a, S. 181 ff.

Smith, Nigel J./*Merna*, Tony/*Jobling*, Paul, Managing Risk in Construction Projects, 2nd ed., Malden, Massachusetts 2006

Solomon, Nancy B./*Ivey*, Robert, Architecture, Celebrating the Past, Designing the Future, New York City, New York 2008

Solomon, Nancy B., The Hopes and Fears of Design-Build, in: Architectural Record, Nov. 2005, Vol 193 Issue 11, S. 167 ff.

Statistisches Bundesamt (Hrsg.), Projektbericht Immobilienwirtschaft in Deutschland 2006, Wiesbaden 2007

Statistisches Bundesamt (Hrsg.), Beiheft Volkswirtschaftliche Gesamtrechnungen – Investitionen, 4. Vierteljahr 2006, Wiesbaden 2007

Staudinger (von), Julius, Kommentar zum Bürgerlichen Gesetzbuch mit Einführungsgesetz und Nebengesetzen, Zweites Buch, Recht der Schuldverhältnisse, §§ 631-651 (Werkvertragsrecht), München, Neubearbeitung 2003, Bearbeiter: Peters, Frank (zit.: Staudinger-Bearbeiter, BGB)

Stephen Winter Associates, Inc. (Hrsg.), A Community Guide to Factory-Built Housing, Connecticut, New Haven 2001

Stobbe, Alfred, Mikroökonomik, 2. Auflage, Berlin 1991

Sweeney, Neal J./*Kelleher*, Thomas J. Jr./*Beck*, Philip E./*Hafer*, Randall F. (Hrsg.), Smith, Currie & Hanckock's Common Sense Construction Law, 3rd ed., New York City, New York 2005 (zit.: Smith, Currie & Hancock's Common Sense Construction Law)

Sweet, Justin, Legal Aspects of Architecture, Engineering, and the Construction Process, 6th ed., Pacific Grove, California 2000

Sweet, Jonathan J./*Sweet*, Justin, Sweet on Construction Industry Contracts: Major AIA Documents, 4th ed., New York City, New York 1999 (zit.: Sweet on Construction Industry Contracts)

Teichmann, Arndt, Strukturveränderungen im Recht der Leistungsstörungen nach dem Regierungsentwurf eines Schuldrechtsmodernisierungsgesetzes, in: BB 2001, S. 1485 ff.

Thode, Reinhold/*Wirth*, Axel/*Kuffer*, Johann, Praxishandbuch Architektenrecht, Bearbeiter: Schwenker, Christian, München 2004 (zit.: Thode/Wirth/Kuffer-Bearbeiter, Praxishandbuch Architektenrecht)

Thode, Reinhold, Erfüllungs- und Gewährleistungssicherheiten in innerstaatlichen und grenzüberschreitenden Bauverträgen, in: ZfIR 2000, S. 166 ff.

Thomas, Andrew, Design-Build, Hoboken, New Jersey 2006

Twomey, Timothy R, Understanding the Legal Aspects of Design/Build, Kingston, Massachusetts 1989

Uff, John, Construction Law, 5thed., London 1991

Voit, Wolfgang, Die Änderungen des allgemeinen Teils des Schuldrechts durch das Schuldrechtsmodernisierungsgesetz und ihre Auswirkungen auf das Werkvertragsrecht, in: BauR 2002, Sonderheft 1a, S. 145 ff.

–: Neue Versicherungsformen am Bau – Die Baufertigstellungs- und die Baugewährleistungsversicherung, in: BauR 2007, S. 235 ff.

–: Gedanken zum gesetzlichen Leitbild des Bauvertrags bei der AGB-Kontrolle, in: Rechtshandbuch des ganzheitlichen Bauens, Festschrift für Hans Ganten, hrsg. von Rudolf Jochem, Wiesbaden 2007

Vosberg, Till, Die Kautionsversicherung in der Insolvenz des Unternehmers, in: ZIP 2002, S. 968 ff.

Vygen, Klaus/*Joussen*, Edgar, Bauvertragsrecht nach VOB und BGB: Handbuch des privaten Baurechts, 4. Auflage, Köln 2008 (zit.: Vygen/Joussen, Bauvertragsrecht nach VOB und BGB)

Vygen, Klaus, Bauvertragsrecht nach VOB, Grundwissen, 4. Auflage, München 2004

Ward, Ken, Packaged Contracts Catch County's Eye, in: Las Vegas Business Press, 03/29/99, Vol. 16 Issue 13, S. 1-2

Watkins, Arthur Martin, The Complete Guide to Factory-Made Houses, Chicago 1988

Warszawski, Abraham, Industrialized and Automated Building Systems, New York City, New York 1999

Weber, Lars, Die Baubeteiligten in England – Eine Darstellung struktureller Unterschiede zwischen der englischen und deutschen Bauwirtschaft, Norderstedt 2003

Weeber, Hannes/*Bosch*, Simone, Planung plus Ausführung? Zunehmende Vermischung von Planungs- und Ausführungsleistungen im Wohnungsbau, Stuttgart 2006

Weizenhöfer, Günther, Bauen mit dem Fertighausanbieter: in Holz- und Massivbauweise, Taunusstein 2001

Werner, Ulrich/*Pastor*, Walter, Baurecht von A – Z, Lexikon des öffentlichen und privaten Baurechts, 7. Auflage, München 2000

Westendorf, Michael/ *Spangenberg*, Christof, Finanzielle Auswirkungen eines geänderten Sicherheitskonzeptes beim Bauträgervertrag: rechtsökonomische Studie, Köln 2010

Wilke, Reinhard, Erschließungsverträge und Vergaberecht, in: ZfBR 2002, S. 231 ff.

Wirtz, Bernd W, Handbuch Mergers & Acquisitions Management, Wiesbaden 2006

Wormuth, Rüdiger/*Schneider*, Klaus-Jürgen, Baulexikon, Erläuterung wichtiger Begriffe des Bauwesens, Ibr-online, Stand 12.06.2007, Printausgabe: 2. Auflage, Berlin 2007 (zit.: Wormuth/Schneider, Baulexikon)

Zerhusen, Jörg, Fachanwaltsmandat Privates Baurecht, 3. Auflage, Köln 2008 (zit.: Zerhusen, Privates Baurecht)

Zimmer, Daniel, Das neue Recht der Leistungsstörungen, in: NJW 2002, S. 1 ff.

Zind, Tom, Surety Bonds: The New Reality, in EC&M Electrical Construction & Maintenance 2006, Vol. 105, Issue 3, S. 20 ff.

Zweigert, Konrad/*Kötz*, Hein, Einführung in die Rechtsvergleichung auf dem Gebiet des Privatrechts, 3. Auflage, Tübingen 1996 (zit.: Zweigert/Kötz, Einführung in die Rechtsvergleichung)

Zweigert, Konrad/*Puttfarken*, Hans-Jürgen (Hrsg.), Zur Vergleichbarkeit analoger Rechtsinstitute in verschiedenen Gesellschaftsordnungen, in: Rechtsvergleichung, Darmstadt 1978 (zit.: Zweigert/Puttfarken, Rechtsvergleichung)

Schriften zum deutschen und internationalen Baurecht

Herausgegeben von Axel Wirth

Band 1 Sebastian Ulbrich: Leistungsbestimmungsrechte in einem künftigen deutschen Bauvertragsrecht vor dem Hintergrund, der Funktion und der Grenzen von §§ 1 Nr. 3 und Nr. 4 VOB/B. 2007.

Band 2 Alice Müller: Nachhaltigkeit im öffentlichen Baurecht unter besonderer Berücksichtigung energieeffizienten Bauens und des Einsatzes erneuerbarer Energien. 2008.

Band 3 Petra Christiansen-Geiss: Voraussetzungen und Folgen des Koppelungsverbotes Art. 10 § 3 MRVG. 2009.

Band 4 Johannes Kuffer: Heilung unwirksamer Bauvertragsklauseln. 2009.

Band 5 Stefan Schifferdecker: Bindungswirkung städtebaulicher Wettbewerbe. Rechtliche und soziale Bindungen im Abwägungsprozess. 2009.

Band 6 Christian Felix Fischer: Die zweifelhafte Abnahmefiktion des § 640 Abs. 1 S. 3 BGB. Eine Untersuchung der Voraussetzungen und Rechtsfolgen, ihres Sinn und Zwecks sowie der Folgen für die Praxis. 2010.

Band 7 Jan-Bertram A. Hillig: Die Mängelhaftung des Bauunternehmers im deutschen und englischen Recht. 2010.

Band 8 Hajo Willner: Zahlungsansprüche von Bauunternehmern bei Störungen des Bauablaufs. Eine Untersuchung in Bezug auf VOB/B-Verträge. 2010.

Band 9 Kathrin Susanne Jansen: Die Mangelrechte des Bestellers im BGB-Werkvertrag vor Abnahme. 2010.

Band 10 Franz Weinberger: *Alliancing Contracts* im deutschen Rechtssystem. 2010.

Band 11 Mathias Schäfer: Leistungspakete im Eigenheimbau. Ein Rechtsvergleich USA – Deutschland. 2011.

www.peterlang.de